ガソリンエンジンの高効率化

低燃費・クリーン技術の考察

飯塚昭三

グランプリ出版

はじめに

　かつて、『内燃機関』という専門誌が1995年に休刊となるなど、「内燃エンジンはほぼ行き着くところまで行った」というような雰囲気になった時期があった。しかし、その後の排ガス問題、燃費問題から、内燃エンジンはさらなる技術革新が行なわれることで長足の進歩を遂げ、今もなお進化し続けている。

　一方、自動車用の原動機は今、モーター駆動へと移行しようとしているのも確かだ。EVは確実に普及していくだろう。しかし、現状では主に電池性能の限界から、自動車が一気にEV化するとは考えにくい。たとえば最もEVに力を入れている日産のパワートレーンのロードマップをみても、2050年においてさえ内燃エンジン車は40％以上、ハイブリッド車を含めると70％程度のクルマが内燃エンジンを使っていることになる。このうちディーゼルエンジンがどの程度の比率になるかということはあるにしても、ガソリンエンジンは自動車用動力源としてこれからも当分の間重要な役割を演じていくはずである。

　キュレーターという仕事がある。美術館や博物館において、展覧の企画を担う専門職で、その分野の情報収集、選別、展示に関わる責任者である。キュレーターは芸術家ではない。芸術家と一般美術愛好家の間を取り持つ役割を演ずる人だ。私は技術系を学んだがエンジニアの経験はない。しかし、長い間出版編集の立場から自動車メーカーと読者の間に立ち、情報を提供してきた。その経験を生かして自動車エンジニアと読者の仲立ちとなり、自動車技術を分かりやすく読者に伝えられたらと思っている。自称「自動車技術キュレーター」としているのは、そのような役割ができればという願いからだ。

　できるだけ分かりやすく技術の紹介をしたつもりだが、エンジニアではないだけに理解が不十分なところ、誤解しているところがあるかもしれない。お気づきの点はご指摘いただきたいが、今自動車メーカーが取り組んでいるガソリンエンジンの技術を理解するのに、この書が参考になれば幸いである。

飯塚昭三

目次

第1章　トルクと出力 ･･････････････････ 11

トルクと出力（馬力）　11

平均有効圧力とは　14

燃料消費率　15

エンジン出力を上げる方法　16

■吸入空気量を増やす　16

■効率を上げる　16

第2章　バルブコントロール ････････ 18

可変バルブタイミング　18

■バルブタイミングの重要性　18

■可変バルブタイミング機構　20

■ミラーサイクル、EGR効果を制御　23

■切り替え式可変バルブタイミング機構　24

可変バルブリフト　24

■バルブのリフト　24

VTEC（ホンダ）　27

■連続可変バルブリフトの意義　31
■ポンピングロスの意味するところ　31
　バルブトロニック（BMW）　35
　VVEL（日産）　37
　バルブマチック（トヨタ）　40
　　揺動アーム機構部　41
　　アクチュエーター部　44
　三菱の連続可変バルブリフト　44
　マルチエア（フィアット）　48
　　機構と作動　49
　　今後の改良発展　54

第3章　気筒休止 …………………… 55

気筒休止　55

第4章　直噴 ……………………… 61

空燃比と燃焼　61
成層燃焼と均質燃焼　62
直噴　63
直噴のメリット　63

直噴の誕生と初期　65
直噴エンジンのその後　67
直噴の技術動向　71
日本メーカーの直噴エンジン　75
　■三菱の直噴「GDI」　75
　■トヨタの直噴「D-4／D-4S」　76
　■日産の直噴「NEO Di」　78
　■スズキの直噴　80
　■ホンダの直噴（i-VTEC I）　81
　■マツダの直噴（DISI、SKYACTIV）　83
　■富士重工業の直噴　84
　■ダイハツの直噴　85
スカイアクティブ　86
　■SKYACTIV-G 1.3の特徴　87
　　ノッキング抑制技術　87
　　高効率化のためのその他の技術　89
直噴と過給器の組み合わせ　92
　■TSIの考え方　94
　■ツインチャージTSIの構造　95

第5章　過給 …………………………… 99

過給　99
　■ターボチャージャー　100
　　ターボの性格を決めるA/R比　101
　　可変容量ターボ　102
　　ツインターボ　104
　■スーパーチャージャー　105
　■インタークーラー　107

第6章　ミラーサイクル ………… 110

ミラーサイクル　110

第7章　可変吸気・EGR・気筒数・ HCCI …………………… 115

可変吸気システム　115
EGR　117
　■外部EGR　117
　■内部EGR　119
少気筒数化　120

究極の燃焼形態「HCCI」 123

第8章　損失の低減 ……………… 125

損失の低減　125

■摺動摩擦の低減　126

ピストン　126

ピストンリング　127

コンロッド　128

クランクシャフト　130

シリンダー　130

動弁系　131

■補機の効率化　133

■材質変更による軽量化　134

第9章　アイドリングストップ … 137

アイドリングストップ　137

■新発想から生まれたマツダi-stop　138

再始動のプロセス　138

ポイントとなる2つの制御　139

開発ストーリー　141

- ■マーチのアイドリングストップ　142
- ■オルタネーターを使ったセレナの機構　142
- ■ワンウェイクラッチを使ったヴィッツの機構　145
- ■デンソーのタンデムソレノイドスターター　146

第1章
トルクと出力

トルクと出力（馬力）

　エンジンの性能を扱うときに出てくる単位にトルクと出力（馬力）がある。まずこの概念を確認しておこう。

　トルクとは回転力だが、これは物理的には「仕事」と同じ単位で表される。たとえば75 kgの物体を1 m持ち上げればこの仕事の量は75 kg·mとなる。1 kgの物体を75 m持ち上げても同じである。トルクの場合は、中心軸から半径1 mのところを75 kgの力で押した場合に、中心軸には75 kg·mのトルクが掛かったことになる。

　では、馬力とは何か、だが、これは仕事率である。つまり、75 kg·mの仕事を1秒間で行えば1 PSである。

　1 PS = 75 kg·m/s

となる。なぜ75という数字なのかは単に「馬1頭のパワーはそのくらい」ということで決めた数字にすぎない。

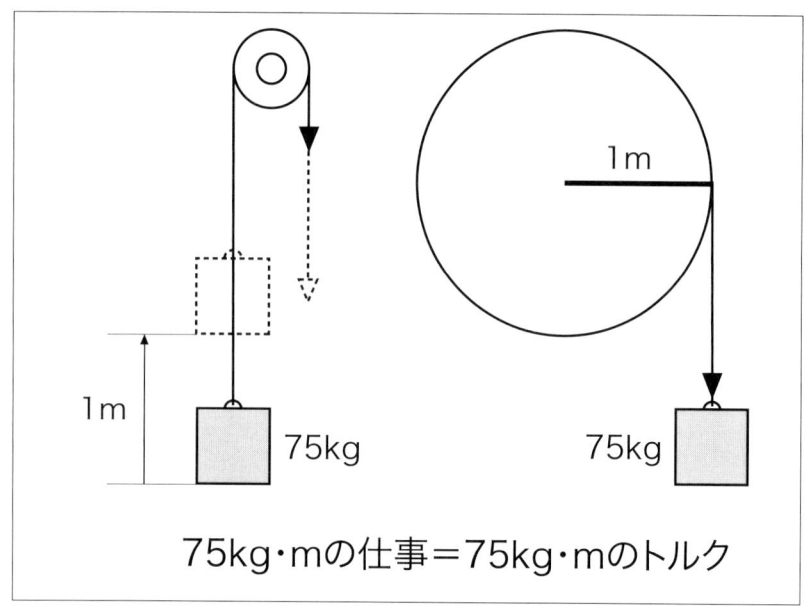

75kg·mの仕事＝75kg·mのトルク

仕事とトルクは同類
加えた力と移動距離を掛けたものが仕事。先端に加える力と回転半径を掛けたものが軸トルク。どちらも同じ単位kg·mまたはN·mで表わされる。

　ところで、現在はトルクと馬力の単位はN·m（ニュートンメートル）とkW（キロワット）になっている。これは「SI単位系」という世界的な取り決めによるもので、基本的にはこちらを使うことになっている。併記する場合はむしろkg·mやPSがカッコの中に入る。

　仕事やトルクは時間の概念が入っていないので、テコの原理で数値を大きくすることができる。たとえばギヤで減速すればトルクは大きくなる。しかし馬力は時間の概念が入った単位なので、増大はできない。

　ところで、トルクと出力（馬力）の関係がどういうものかというと、単純にトルクに回転数を掛けたものが出力である。これから出力を大きくするにはどうすればよいかが見えてくる。すなわち、出力を高めるにはトルクを大きくするか、回転数を高めるかになる。

　ガソリンエンジンがいかに大きなトルクや出力を発揮するかは、吸入する空気

> kW＝トルク×回転数×0.104667（係数）
>   N·m   rpm   （係数：2π/60）
>
>
> PS＝トルク×回転数×0.001396（係数）
>   kg·m   rpm   （係数：2π/60×75）
>
>   π＝3.14として計算

出力（馬力）はトルク×回転数×係数
出力は仕事率で、単位時間当たりどれだけの仕事をしたかを表わすもの。トルクから出力を出すには、単位がN·mの場合トルク×回転数に2π÷60＝0.104667の係数を掛けるとkWの出力が出る。なお2πは円周の長さ、60は1分を秒換算にする数字。トルクがkg·mの場合は2π÷(60×75)＝0.001396の係数を掛けるとPSの馬力が出る。

量による。空気の取り込みがまず先で、それに合わせた燃料の注入は次の問題だ。もちろん現在は排ガスや燃費の問題が大きいので、燃料の最適な注入は大きな問題であるが、出力を決めるのはまず空気であり、空気をいかに多く取り入れられるかで出力の上限は決まってくる。

　通常の運転時でも急加速や上り坂など、出力を必要としたときには濃い燃料を供給する。この意味するところは、燃料と出会えない空気をなくそうという考え方だ。つまり、理論的な空燃比は14.7ということで、空気と燃料の重量比は空気14.7に対し燃料1という割合だが、実際には空気と燃料が理想的に均一に混合されることはない。そこには空気に出会えない燃料、燃料に出会えない空気が存在してしまう。ここで、大きな出力を得ようとするなら燃料と出会えない空気を減らすために、燃料を多めにする訳である。これが大きな出力を出そうとするときに濃い燃料を供給する理由である。

　逆に燃費をよくしようとした場合はその逆になる。空気に出会えない燃料をなくすため、空気の量を多くする、すなわち薄い混合気とする。これを極端にしたものがリーンバーンである。

平均有効圧力とは

　トルクは燃焼行程でピストンが押し下げられることで発生する回転力である。このピストンを押し下げる力を平均有効圧力といい、エンジンの力量を示すひとつの指標になっている。トルクは排気量が大きくなればそれに連れて大きくなるので、トルクの大きさでそのエンジンが効率の良い仕事をしているかどうかは分からない。そこで、排気量に関わらずピストンを押し下げる能力を測る指標として平均有効圧力が用いられる。平均有効圧力が高いということは大きな燃焼圧力を出していることで「いい仕事をしている」といえるわけである。

　「平均」というのは圧力が1サイクルの間に変化しているので、平均値を取ったものだからだ。実際に圧力を発揮しているのは燃焼行程で、吸入、圧縮、排気の行程ではむしろマイナスに働いている。燃焼行程でも燃焼の始めから終わりまで圧力は変化している。これらを平均したものである。

　この平均有効圧力には1）理論平均有効圧力、2）図示平均有効圧力、3）正味平均有効圧力の3つがある。理論は「理論」上の数値で、「図示」は冷却損失、ガス

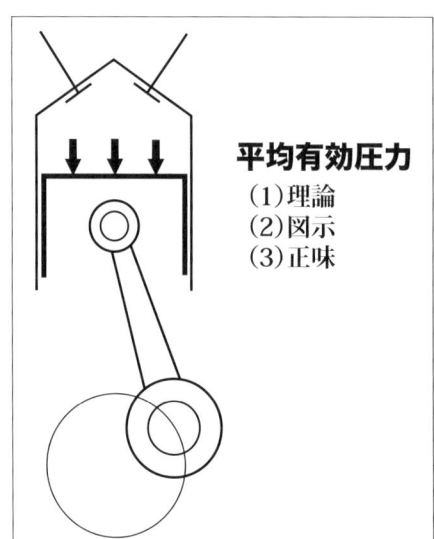

平均有効圧力とは？
ピストンの上に掛かる圧力の平均値。トルクは排気量で大きさが異なってしまうが、平均有効圧力は排気量に関わらないので、エンジンが燃焼を力に変換する際の効率の高さを見る物差しになる。

の漏れ、吸排気損失が差し引かれた数値、「正味」はさらに運動部分の摩擦損失、バルブ・ポンプその他補機類の損失を差し引いた数値である。

　平均有効圧力が平均したものであるのと同様、通常使うトルクも実は平均トルクである。実際にはトルクもエンジンが回転中、大きく変動している。つまり、実際にはトルク変動が起きているわけで、これが振動・騒音に大いに関係してくる。気筒数が増えればトルク変動は減る。また、振動・騒音の点ではピストン、コンロッド、クランクシャフトの慣性力が大きく影響するので、シリンダー数とともに直列とかV型とか水平対向とか、シリンダーの配列が重要な意味を持つ。

燃料消費率

　燃料消費率は単位出力時間当たりの燃料の量で表わされる。現在はエンジンの性能曲線が示されてもトルクと出力だけのことが多いが、かつては燃費曲線も示されるのが普通であった。カーブとしてはトルク曲線が山形なのに対し、燃費曲線は谷形になる。谷の底が最低燃費で、量産ガソリンエンジンではおよそ3000 rpm前後になる。最大トルクの回転数よりも低いのが普通だ。

　最大トルクを出す回転数は効率が良いとも考えられるが、これは充填効率が良いことを表わしているもので、必ずしも燃焼効率が良いとはいえない。燃費率は「熱効率」と反比例の関係にある。すなわち熱効率が高ければ燃料消費率はよい。熱効率はエンジンが燃焼して発生した熱がいかに有効に使われるかを表わすもので、逆に言うと損失を差し引いて数値が出てくる。

・高回転では摩擦損失が大きくなる
・低回転では冷却損失が大きくなる
・高負荷では摩擦損失、排気損失が大きくなる
・低負荷ではポンプ損失（ポンピングロス）が増え、補機駆動損失の割合も増える

　このような関係から、最も燃費の良い条件は、中間的な回転数、負荷の領域にあり、それがおよそ3000 rpm前後になるわけである。燃料消費率を良くするに

は、良い燃焼をさせることと、上記の損失を減らすことになる。

エンジン出力を上げる方法

■吸入空気量を増やす

　エンジンの吸入空気量を増やす方法はいろいろある。主な項目を挙げると
1) 排気量を大きくする
2) 過給する
3) 吸入効率を上げる
4) 回転数を上げる

　まず排気量を大きくするのは車格とのかねあいで、選択の問題になる。過給はターボチャージャーやスーパーチャージャーといった過給機を付けて、強制的にシリンダー内に多くの空気を送り込むものだ。過給を行なうかどうかはやはり選択の問題でもあるが、その性能については技術的な問題も多い。吸入効率を上げる技術にはバルブの数・面積、インテークマニホールド形状など細かなことがいろいろある。排気系の改良も吸入効率の向上につながることが多い。

　回転数を上げるということは、混合気を吸入する回数で稼ごうというもので、単位時間当たりの吸入空気量を増やすことである。

■効率を上げる

　出力を上げるもうひとつの方法は、効率を上げることである。取り込んだ空気で燃料をうまく燃焼させ、その熱エネルギーを有効に取り出すことで出力を高める。まず熱効率を高める手段としての圧縮比について述べておこう。

　熱力学上、燃焼温度が高く、排気温度が低いほど熱効率は高い。シリンダーの中では燃焼温度が高いということは圧力が高いことと同義と考えてよいので、燃焼開始時の燃焼ガス体積と、排気開始時の体積の比が大きいほど効率が高い。すなわち圧縮比が高いほど熱効率は高くなる。これは同じ吸入空気量による燃焼でも、圧縮比を上げたほうが効率は高く、大きな出力（トルク）が得られるという

エンジン出力を上げる4つの方法
出力は単位時間当たりに取り込む空気の量に依存する。それを実現するための4つの方法。1)は排気量アップ、2)は過給、3)はバルブタイミングや吸気通路の最適化、4)は高回転化。

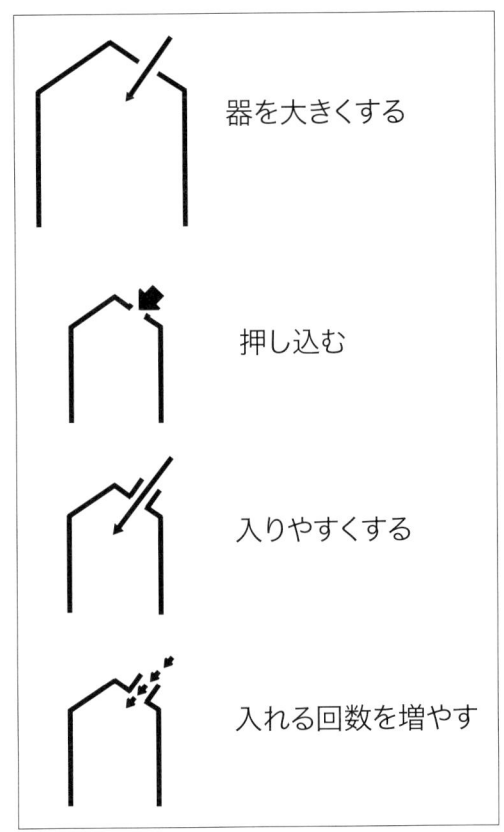

ことである。ただし、圧縮比を高くしすぎるとノッキングを起こすので、限界が存在する。

　かつてのレーシングエンジンはとにかく空気を多く取り入れ、濃いめの燃料を供給することに専念していた。しかし、現在は燃費もよくなければレースで勝てない。つまり効率が求められている。それは通常の自動車エンジンと同様である。供給した燃料をいかに有効に燃焼させ、それを力として取り出すかが、重要な技術になってくる。熱効率がよくなれば必然的に燃料消費率もよくなる。燃費の良いエンジンはピットイン回数を減らせたり、搭載燃料の量を減らせたり、自動車レースでは有利になる。

第2章
バルブコントロール

可変バルブタイミング

　バルブの開閉に関しては1) バルブタイミング、2) バルブ作用角、3) バルブリフト量の3つの要素がある。1) のバルブタイミングはバルブの開閉時期で、通常クランク角に対してのカムプロファイルの始まりと終わり位置 (角度) で決まる。2) のバルブ作用角はバルブが開いている期間で、開度が大きいということはバルブが開いている時間が長いことになる。これも閉じる角度から開く角度の引き算で決まる。3) のバルブリフト量はバルブが押されて動く量で、カムプロファイルの高さで決まる。限度はあるもののカムの山が高いほど開口度合いは大きくなる。

■バルブタイミングの重要性

　バルブタイミングはエンジン性能にとって非常に重要な要素である。吸気バルブの開閉タイミングは、エンジンがごく低回転でゆっくりピストンが上下動する

のであれば、吸気バルブは上死点で開き、下死点で閉じればよい。しかし、実際のエンジンは2000 rpmでも1秒間に約33回転もしており、吸気はあるスピードでシリンダーに吸い込まれている。吸気にも慣性力があるから、上死点で開き下死点で閉じればよいわけではなくなる。流速のある吸気は上死点より早めにバルブを開けても勢い（慣性力）でシリンダー内に流れ込んでくるし、閉じるタイミングを下死点のあとまで遅らせても吸気は勢いで入ってくる。そのようにバルブを開閉するタイミングをずらしたほうがたくさんの吸気を取り込める。

　流速はエンジンが高回転になるほど速くなり、慣性力も大きくなる。つまり、吸気の慣性力は回転数で変わるので、最適なバルブタイミングというのは回転数により変わってくる。回転数が高いほどバルブの開くタイミングは早く、閉じるタイミングは遅くなるのが原則である。

　回転数により吸気の流速が異なり慣性力の大きさも違ってくる。つまり最適なバルブタイミングというのは、実際には回転数によって変化するわけで、逆にいうとある回転数で最適なバルブタイミングはひとつしかない。バルブタイミングをコントロールしていないエンジンでは、中速のある回転数に合わせてバルブタイミングを設定してある。それは最大トルクの出る回転数と考えてよい。したがってその回転数を下回っても上回ってもバルブタイミングは最適でなくなる。言い換えると吸気効率が落ちる。そのためトルクは下がる。トルク曲線がNA（自然吸気）エンジンでは通常山形になっているのはそのためだ。

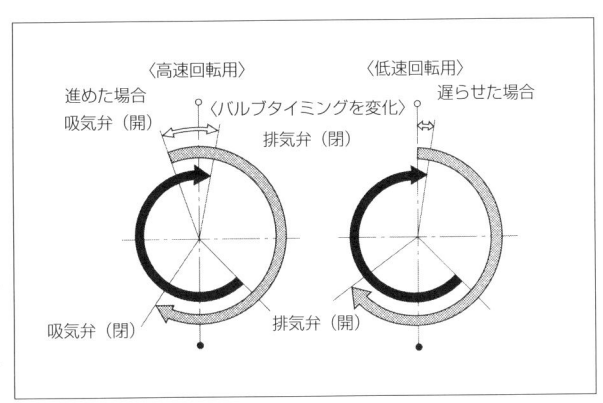

バルブタイミングダイヤグラム
可変バルブタイミングの進角、遅角の例。圧縮、燃焼行程は省略されており、排気バルブが開くのは2回転目である。上部の吸気バルブと排気バルブが重なっているところがオーバーラップで、この大きさは大きな意味を持つ。

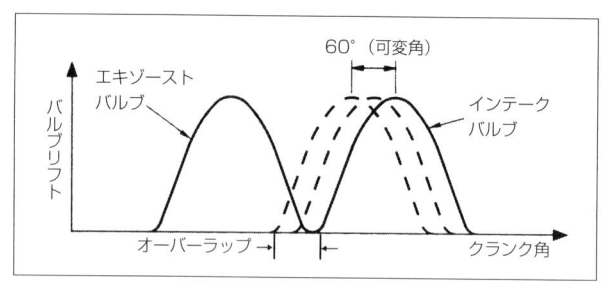

バルブリフトから見た進角度合い
これは排気バルブ側が固定で吸気側が60度進角する例。

　回転数が低めのところに最適なバルブタイミングの設定をすれば、低速トルクはあるが高速でトルクが出ずに高回転まで回らないエンジンになる。反対に高い回転数に最適なタイミングを合わせると、高回転で力を発揮するが低速トルクのない日常的には使いづらいエンジンになる。ガソリンエンジンは基本的にこの問題を抱えている。そこでいろいろな形でバルブをコントロールする機構が考えられてきた。

■可変バルブタイミング機構

　カムシャフトはクランクシャフトの回転を通常はチェーンやコッグド（歯付き）ベルトで伝えられるので、クランク角度に対してのカムシャフトの角度も決まっている。そこでベルトやチェーンの位置はそのままにカムシャフトだけをねじる機構をつければ、定まった角度を変化させることができる。回転数に応じてねじりをふやせば（進角を進めれば）それだけバルブの開き初めを早められる。ただし、本来は閉じるタイミングは遅らせたいのだが、全体に進角するので閉じるタイミングも早まってしまうので、この進角装置が万全のものというわけではない。それでもバルブは開きはじめのタイミングがより重要であるから、回転数が高まるとともにバルブの開きはじめが早まることは、より多くの吸気をシリンダー内に取り込むのに有効に働く。したがって低速から高速までトルクが底上げされ、トルク曲線のフラット化に効果がある。

　排気側についても回転数が高いほど排出ガスの慣性力も大きくなり、早めに排気バルブを開け遅めに閉じた方が効率はよくなる。ただ、圧力が高い排気ガスは

自らシリンダー内から出ようとするので、吸気側より進角の効果は小さい。そのため、効果の大きい吸気側カムシャフトだけ進角装置を装備している場合が多いが、より効率を求められていることから、排気側もコントロールするエンジンも増えている。いずれにしろ、吸気側だけでもバルブタイミングを可変とするのは、現在では当然の技術となっている。なお、この可変バルブタイミング機構は

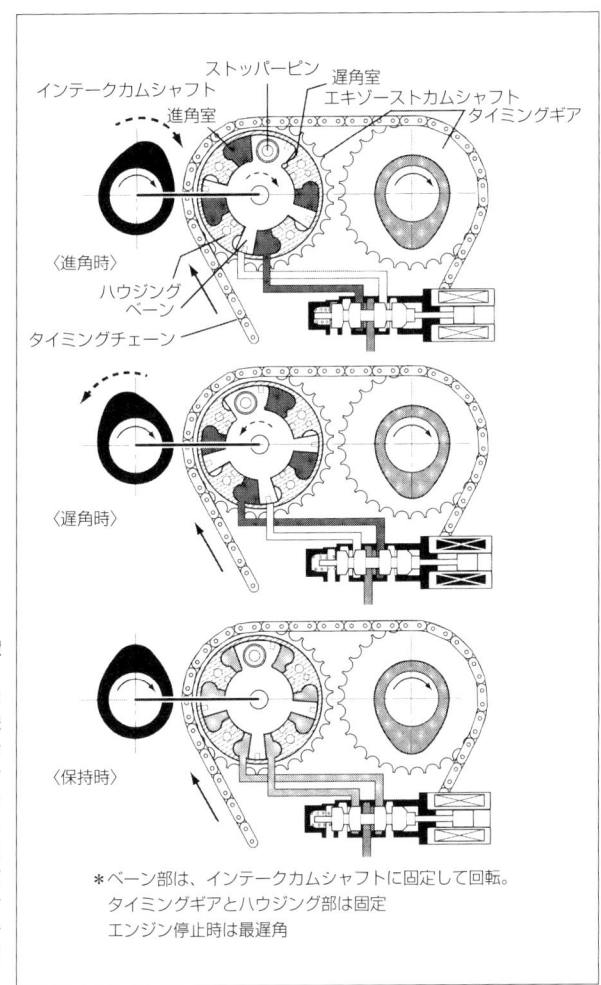

油圧ベーン式の進角装置の作動図
タイミングギヤの内部はハウジングとベーンで構成されている。ハウジングはタイミングチェーンに規制され、ベーンはカムシャフトと同軸だが、両者はある角度で可動になっている。弁の左右どちらの部屋に油圧を掛けるかでハウジングとベーンに角度差が生じ、進角を調節する。

＊ベーン部は、インテークカムシャフトに固定して回転。
　タイミングギヤとハウジング部は固定
　エンジン停止時は最遅角

BMWの可変バルブタイミング機構「VANOS」のカットモデル
油圧ベーン式でブロック型のベーンを備えている。

進角装置のロックの仕方

アイシンの薄型ベーン式の進角装置（VVT）とその中間ロック機構。ハウジング側のロックキーがローター側の溝に入りやすいようにしている。まず1段広く浅いところにロックキーが落ちて、さらに進角を変化させると深いところに落ち中間ロックが完了する。

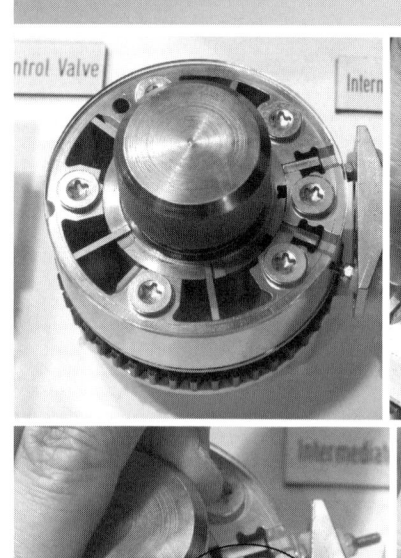
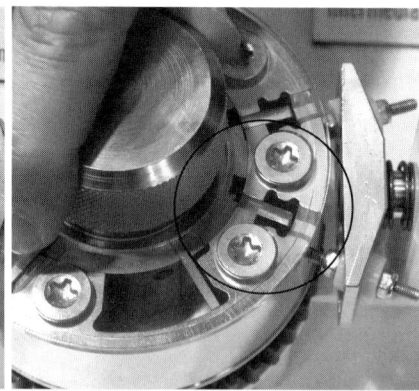

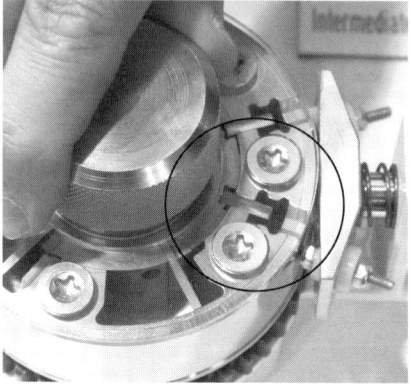

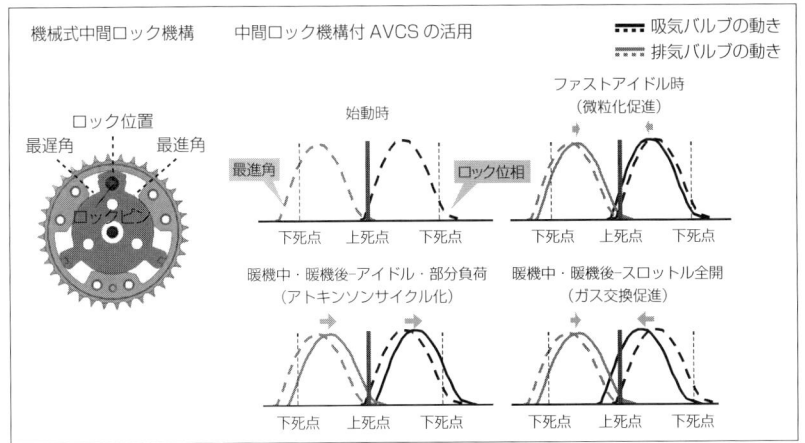

吸排気進角装置のバルブタイミング（インプレッサの例）
進角の可変量が大きいと、始動にHCを多く排出する不適切なバルブタイミングで再始動しなければならなくなる可能性がある。そこで中間ロック機構を設け、始動時はそこから始動する（左上）。そしてアイドリング時は吸気側の進角をやや進め排気側をやや遅らせる（右上）。部分負荷時には吸気側、排気側ともタイミングを遅らせ、ミラーサイクル（アトキンソンサイクル）化して効率を高める（左下）。スロットル全開時は吸気側進角を大きく進め、排気側進角を遅らせる（右下）。

VVT（バリアブルバルブタイミング）という呼び方のほか、メーカーによりVTC、V-TSあるいはAVCSとか独自の名付けがなされている。

可変バルブタイミング機構はタイミングベルト（タイミングチェーン）が掛かるプーリーとカムシャフトが固定的でなく、そこに可動機構を介したものである。その構造はヘリカル（斜め）スプラインを電磁的、または油圧で軸方向に動かすことで回転角度を変えるものもあるが、一般的な方式は油圧ベーン式である。これはベーンの左右に進角室と遅角室をもち、進角室に油圧を送るとベーンが動かされ進角する。逆に遅角室に油圧を送って進角室の油圧を抜くと進角が戻る。両室の油圧をコントロールすることで必要な角度を保持もできるので、自在にバルブの進角を調節できるわけである。

■ミラーサイクル、EGR効果を制御

バルブ開閉時期をコントロールする意味は、単に幅広い回転域で吸入効率を高

めるためだけではない。低負荷時にはバルブの遅閉じにより吸気や排気をコントロールすることで、ミラーサイクルの効果や内部EGR（排気再循環）の効果を得たりすることができる。

　たとえば、カムシャフトの進角を遅くし吸気バルブの閉じを遅らせれば、いったんシリンダー内に入った吸気は吸気管に押し戻される。この吸気バルブ閉じのタイミングに対して、排気行程でこれより長いストロークの後に排気バルブが開けば、まさにミラーサイクルとなる。

　排気バルブの閉じ時期を遅らせて、吸気バルブとのオーバーラップを大きくすれば、排気バルブから排気がシリンダーに戻る分が出てきて、いわゆる内部EGRが行なわれる。なお、ミラーサイクルとEGRについては別項を参照。

■切り替え式可変バルブタイミング機構

　バルブを作動させるカム山の形状（カムプロファイル）は、通常は吸気に対してはひとつが設定されている。しかし、ホンダのVTECと呼ばれる機構は、カムプロファイルを中低速用と高速用の2つ設定しておき、それを主に回転数により切り替える。中低速用カムは中低速回転で吸気効率がよく大きなトルクが得られるし、高速用カムでは高速回転時に大きなトルクが得られ、全体に広い回転域で高いトルクを発揮する。

　VTECの場合カムプロファイルそのものを2つ持っているので、トルクの山も基本的に2つ持ち、広い回転域でトルクを発揮する。また、2つのカムプロファイルはバルブリフトも異なるので、可変バルブリフトにもなっている。これについては次項にて詳述。

可変バルブリフト

■バルブのリフト

　バルブリフトはバルブがどれだけ押し下げられるかの量である。高速回転では当然リフト量が大きい方がシリンダーに吸気が入りやすくなる。しかし、常に大

第2章　バルブコントロール

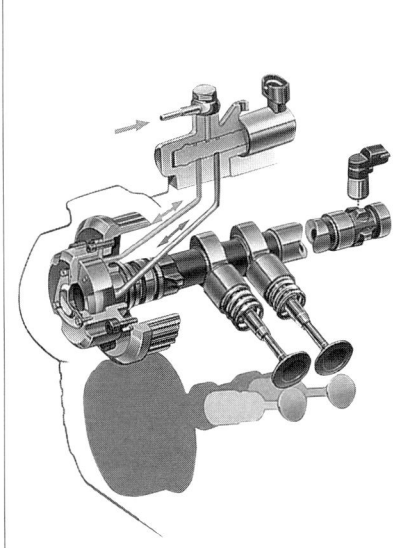

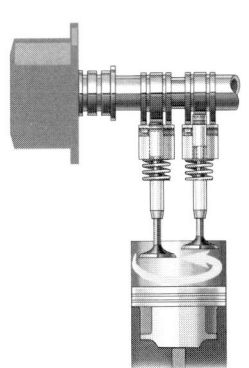

進角装置の油圧系統図
油圧ベーン式の進角装置では、油圧をパイプで進角室に送ったり遅角室に送ったりしてバルブタイミングをコントロールしている。

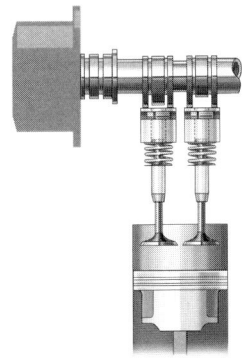

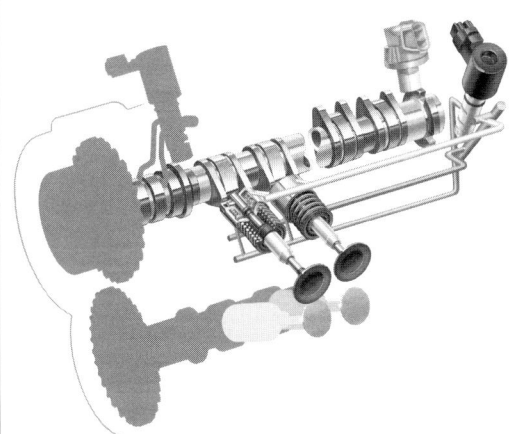

可変バルブリフトの例
バルブリフトを可変にした例。バルブリテーナーとバルブステムをロックしたり解除したりにより、左右のカム山を使うか、中央のカム山を使うかを切り替えるもの。ひとつのバルブにそれぞれ3つのカム山があるが、左右は同じで中央のカム山は左右で高さが異なっている。上の図は、左右のバルブとも中央のカムが作用しているが、右側のカム山は低く、バルブの開きに差ができる。これによりスワールが発生する。下の図は、バルブリテーナーをステムにロックし、両側のカム山がバルブリテーナーを介してバルブを押し下げるので、高いリフトが得られる。

可変バルブリフトの油圧回路
右図のバルブリテーナーとステムのロックは油圧をリテーナーに送り込むことでコントロールする。

25

きければよいわけではない。低速回転で大きく開けても流速がかえって落ちるためスワールといった渦流が得られず、ガソリンと空気の混合が不充分になってしまう。また、大きく開けるためにはそれだけバルブスプリングに抗して大きな力が必要で、摩擦損失も大きくなる。したがってバルブリフトも回転数によって変化するのが理想である。

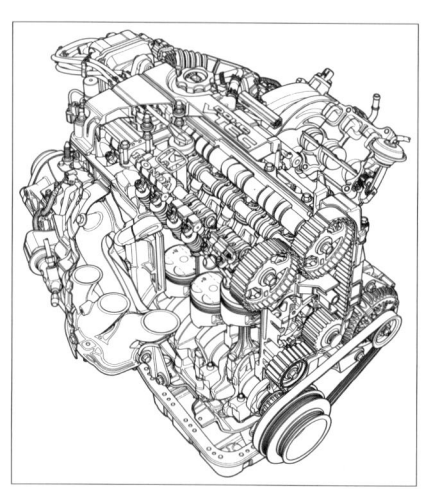

初の切り替え式可変リフトのVTECエンジン1.6Lのカット図
世界初の可変バルブタイミング・リフト機構を持ったホンダのVTECエンジン。1989年初代インテグラに搭載して登場した。

VTECエンジン1.6Lの透視図
機構が世界初というだけでなくNAでリッター100PSというのも量産エンジンでは世界初だった。

第2章　バルブコントロール

●**VTEC（ホンダ）**

　ホンダは独自の可変バルブタイミング・リフト機構「VTEC」を確立し、1989年にニューモデルのインテグラに搭載して発表した。VTECは「バリアブル・バルブ・タイミング&リフト・エレクトロニック・コントロール・システム」の略である。前項で切り替え式のバルブタイミング機構であると説明したが、切り替え式のバルブリフト機構でもあるわけだ。

　ホンダはその後2000年にそれを発展させた機構を「i-VTEC」とし、また2005年にはハイブリッド用エンジンとしての「3ステージi-VTEC」を開発、VTECを進化、拡大させてきた。

　軽自動車用エンジンを除き全エンジンに採用してきている。またモーターアシストの「IMA」と組み合わせてハイブリッド車へ搭載している。

　VTECの機構は前項で説明したように吸気用、排気用の両カムシャフトにそれ

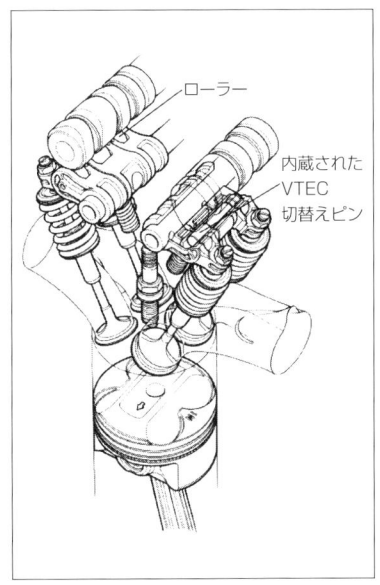

作動の切り替え機構を内蔵したロッカーアーム
ロッカーアーム（S2000用）は3つのピースからなっている。下は分離して切換ピンを見せている。3つが締結されない状態では両側のロッカーアームがカムの動きをバルブに伝える。3つが結合された状態では真ん中のロッカーアームが別のカムの動きを受けとり、その動きを両側のロッカーアームを経てバルブに伝える。これがVTECの切り替え機構である。

S2000のVTEC機構
ロッカーアームにはローラーフォロワーを備えフリクションロスの低減を図っている。ロッカーアーム内の切換ピンでロッカーの動きを締結したり開放したりする。

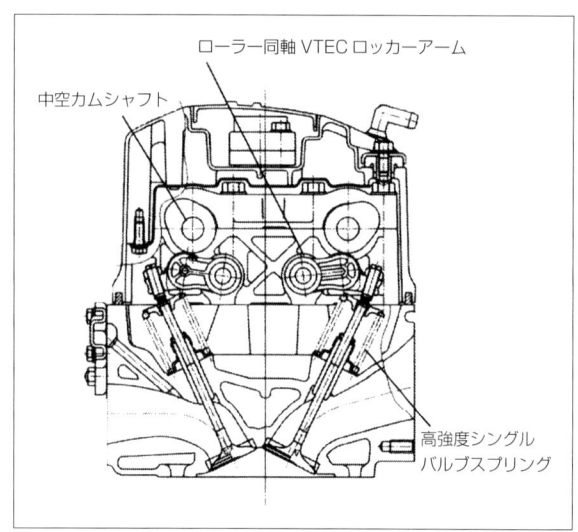

VTECのバルブ駆動断面図
カムシャフトのカムプロファイルがロッカーアームを介してバルブステムを押し下げる。この図面では分からないが、カムとロッカーアームの組み合わせが切り替わることで、可変バルブタイミング・リフトを達成している。

ぞれ中低速用と高速用の2種のカム駒（プロファイル）を持ち、それを回転数、負荷、車速により切り替えるものである。これにより広い回転域で高いトルクを得ることを可能とした。

　具体的には、1シリンダー当たり吸気側3つ、排気側3つのカム駒を持ち、中央が高速用カム、両脇が低速用カムとしている。バルブはロッカーアームを介して駆動されるが、ロッカーアームは中央の高速用の部分が独立しており、低速域では高速用のロッカーアームはカムの動きに従って動くものの、バルブの駆動は行なわず空打ちの状態にある。高速域になると高速用ロッカーアームが油圧ピストンにより低速用ロッカーアームに連結されて一体になる。こうなると高速カムの動きがロッカーアームに反映されて、バルブは駆動されるようになる。

　VTECはこのように低速用と高速用に分離されているロッカーアームを、油圧ピストンで締結したり解除したりすることにより、2段階にバルブの開閉時期とリフトをコントロールするものだった。

　VTECエンジンは当時リッター当たり100馬力を達成した世界初の量産エンジンとされたので、「VTECエンジンは高速型のエンジン」と解釈する人もいるが、

第2章 バルブコントロール

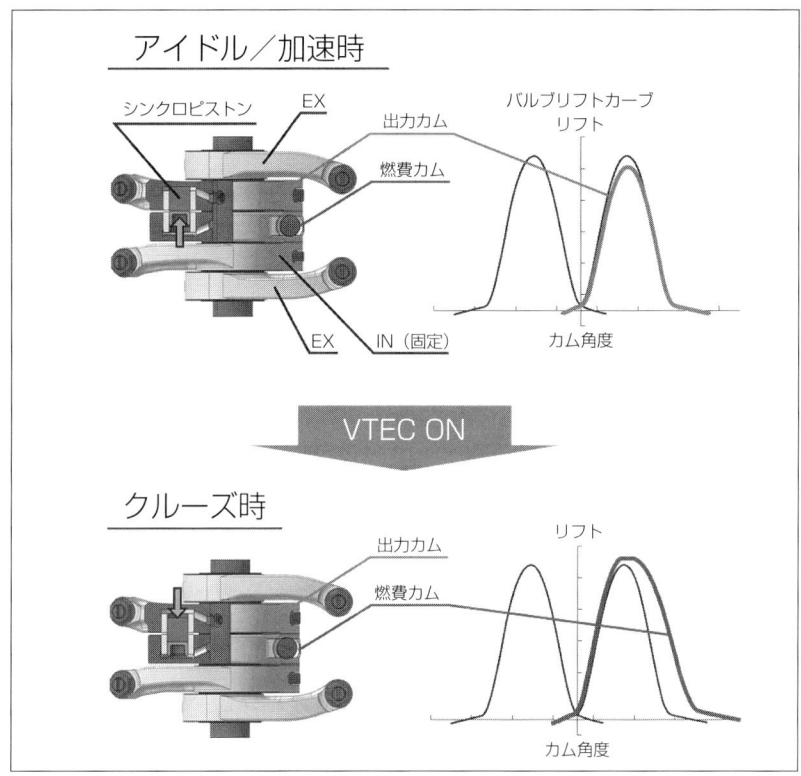

力強さと低燃費を狙ったi-VTEC機構
低速用と高速用の切り替えとは思想を変えたVTEC。リフト高さはあまり変わらないが、クルーズ時に吸気バルブを大幅な遅閉じとし、事実上のミラーサイクル化。膨張比が大きくなると共にポンピングロスが低減することで、大幅な低燃費を実現。

それは低中速を犠牲にして高速性能を追求した通常のバルブ機構のエンジンの場合の解釈で、VTECは低中速を犠牲にせずに高速性能をも上げたエンジンであるといえる。

VTECはバルブタイミングもバルブリフトも可変であるが、どちらも2段切り替え方式であった。i-VTECはこれに吸気側に可変バルブタイミングコントロール機構「VTC」を組み合わせ、バルブタイミングについては連続可変としたものである。そのほかに可変管長マニホールド、後方排気システム、リーンバーン対

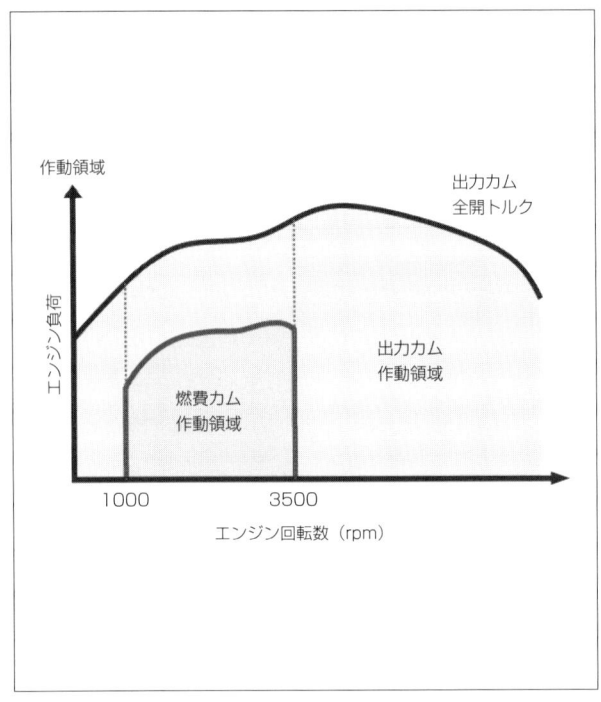

燃費カムの作動領域図
VTECは中低速用と高速用の異なる2つのカムを使い分けるものだったが、2005年発表した「1.8L i-VTEC」は通常のカムと燃費向上を狙ったカムの2つを使い分けるものだった。燃費カムは吸気バルブの閉時期を遅らせ、シリンダーに取り入れた吸気の一部を吸気管に押し戻すように働く。結果的に吸気管の負圧がゆるくなり（圧が高まり）ポンピングロスが低減するため燃費が向上するというもの。ホンダでは説明していないが事実上のミラーサイクルで、膨張比の増大による熱効率の向上もあるはず。
燃費カムはエンジン負荷があまり大きくない1000～3500回転の範囲で作動する（2005年シビック）。

応NOxなどの技術も合わせて発表し、知能的な燃焼制御を行なう新世代のエンジンシリーズと位置づけた。i-VTECの「i」はエンジンの知能化を意味する「インテリジェント」を表わしたものである。なお、VTCについては別項にあるように、油圧によりアクチュエーターを回転させて進角させるタイプである。

　3ステージi-VTECの「スリーステージ」とは「低回転」「高回転」「気筒休止」の3段階でバルブの制御を行なうことを意味している。加わったのは気筒休止であるが、気筒休止は2003年にすでにインスパイア用V6型3.0Lエンジンで実現していた。ただし、そのエンジンでの気筒休止と3ステージi-VTECにおける気筒休止ではその狙いが異なっている。気筒休止の解説は別項に譲るが、3.0Lエンジンの気筒休止は低負荷時に半分の気筒を休ませ、もう半分だけで運転しようというものだが、3ステージi-VTECの気筒休止の目的は、減速時に抵抗を減らしてエネルギーの回生量を増やすことにある。また、モーターだけで走るEV走行

時に、エンジンの抵抗を減らす目的もある。したがって、この場合は全4気筒の休止や3気筒の休止として、気筒休止中のエンジン運転はない。

■連続可変バルブリフトの意義

　世界で初の連続可変バルブリフトの機構の実用化はBMWのバルブトロニックである。これは「スロットルバタフライのない世界初のガソリンエンジン」とうたうように、それまでスロットルバタフライで行なわれていた吸気量のコントロールを、インレットバルブで行なうという大変革がなされた機構で、いわゆる「ノンスロットル」の実現である。すなわち、従来の普通のスロットルコントロールは吸気管内のスロットルバルブの開き加減で吸気流量の調節を行なっていたが、これをバルブのリフト量の大小で行なう。吸気流量の調節を吸気管の位置で行なうかバルブの位置で行なうかの違いだが、これにより大幅なロスの低減を可能にし、結果として燃費の向上につながる意義ある技術である。

　バルブの位置で吸気量の調節を行なうと燃費がよくなる理由は、いわゆるポンピングロスが大幅に低減されるからである。ポンピングロスとは狭い通路を流体が通る時に起きる抵抗によるロスで、筒型のショックアブソーバーの減衰の原理としても知られている。空気のような気体でも同様に通路が絞られていると、そこを通過するのに抵抗が生ずる。したがってスロットルバルブが全開状態であればほとんどポンピングロスはないが、低速域のようにスロットルバルブ開度の小さいときにポンピングロスが発生する。

■ポンピングロスの意味するところ

　通路が狭くなるところでポンピングロスが発生するなら、バルブリフトを狭くすることでもポンピングロスは発生するとも考えられる。連続可変バルブリフトといっても、吸気通路を絞ることには変わりがない。違うのは吸気管か、それとも燃焼室の入口か、という位置の違いだけである。絞る位置が違ってもポンピングロスは発生しそうにも思える。しかし、実際には連続可変バルブリフトの場合はポンピングロスがほとんどないとされている。

ここでポンピングロスの実態をもう少し見てみよう。通常のスロットルバルブ付きのエンジンでは、吸気行程でピストンが下がるとシリンダー内は負圧になり、それがバルブの開口部を通して吸気管内にも負圧を招き、吸気をエアクリーナー方向から取り入れようとする。このとき吸気管内のスロットルバルブの開度が大きければ吸気はスムーズにシリンダー内へ導かれる。しかし、スロットルバルブの開度が小さいと絞りが抵抗となり、シリンダー側吸気管内の負圧が大きくなる。その負圧はピストンが下がろうとするのに対抗するように働き抵抗となる。これがポンピングロスといわれるものだ。

　連続可変バルブリフトによる吸気量調節の場合も、リフト量が小さいとピストンの下降により生じた負圧はやはりピストンの下降を妨げるように働く。これはスロットルバルブの場合と同様である。どこが違うかというと、次の圧縮行程でピストンが上昇するに際してこの負圧が今度はピストンを引き上げる方向に働くことだ。そのため、ピストンの下降（吸気行程）と上昇（圧縮行程）で相殺されるのである。

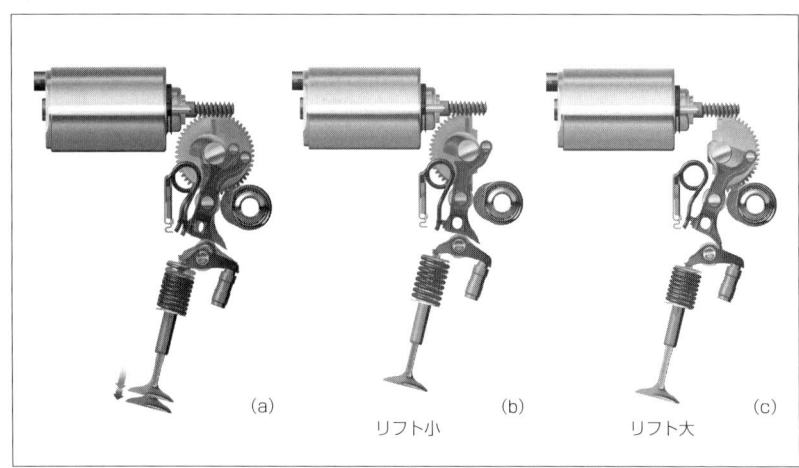

BMWのバルブトロニックの初期の機構図
（a）カムとロッカーアームの間に中間レバーを介している。ステッピングモーターにより偏心カムを動かして、中間レバーの支点を動かすことでロッカーアームへの作動量が変化、すなわちリフト量が変わる。（b）リフトが小さい状態。（c）リフトが大きい状態。偏心カムにより中間レバーの角度が変化しているのが分かる。

第2章　バルブコントロール

バルブトロニックエンジンのシリンダーヘッド
シリンダーヘッドのカットモデル。右側のバルブが吸気バルブでバルブトロニック機構が付いている。左の排気バルブと比べると比較しやすい。排気側はカムが直接ロッカーアームを押し下げているが、吸気側は中間レバーが縦に配置され、その横をカムが押してロッカーアームを押し下げる。中間レバーの上部に偏心カムがあり、これが回転することで中間レバーの角度が変わり、ロッカーアームを押す量が変化する。

別のエンジンのバルブトロニック部カット写真
偏心カムが中間レバーの上部右脇に配置されている。この偏心カムが反時計回りに回ると中間レバーが左に傾き、中間レバーのロッカーアームに当たる位置が変わることで押す量が大きくなる。当初の構造では、小リフト時にリフト量が小さすぎるなどの問題があったが改善され、コントロール性が向上した。

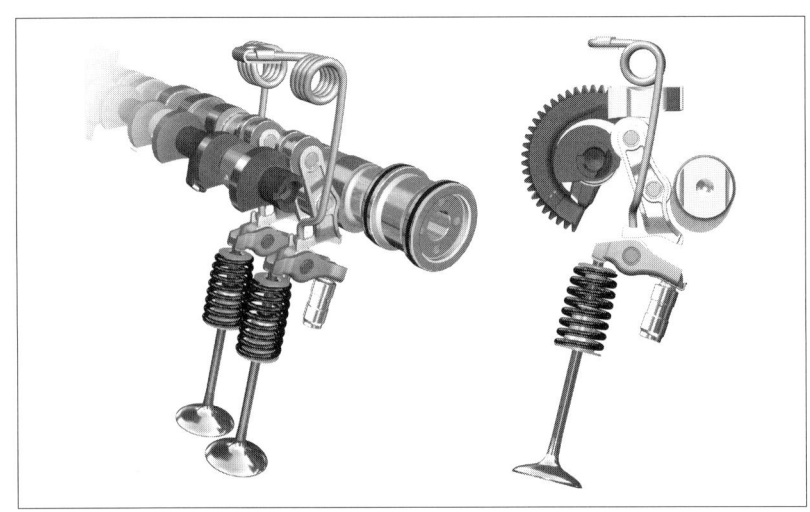

現在のバルブトロニックの機構図
6気筒エンジンに採用しているバルブトロニックの例。偏心カムが時計回りに回転すると中間レバー上部が右に押されて角度が変わる。中間レバーの下面は湾曲しておりロッカーを押す量に変化が生まれる。なお、中間レバーはスプリングで常にカム側に押し付けられている。

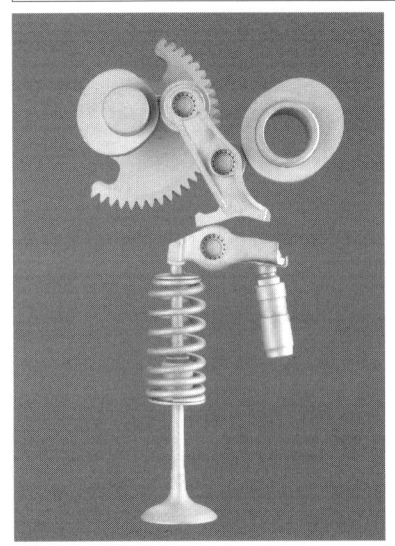

バルブトロニック機構のシンプル構造図
BMWの4気筒エンジン用に採用されているバルブトロニックの簡単構造図。

　すなわち、スロットルバルブ制御の場合は、大部分を占める吸気管内の負圧はピストン上昇の手助けをしないが、バルブリフト制御の場合はシリンダー内の負圧がピストン上昇の手助けをするというわけだ。これは気筒休止エンジンにおいて、休止している気筒のバルブは閉じたままにしておくのと同様の原理と考えて

第2章　バルブコントロール

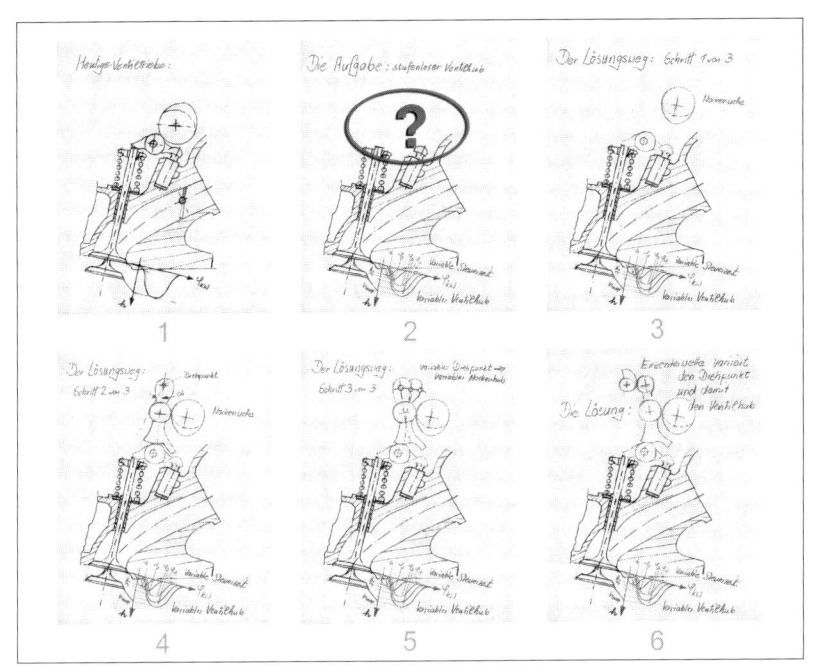

バルブトロニック構想段階でのアイデア図
1はカムがロッカーアームを押す通常のバルブ機構。2はそこにどのような機構を持ち込めば連続可変バルブリフトができるか思案中。3ロッカーアームに対しカムを離して配置。4そこに中間レバーを配置。5この中間レバーの上部を可動とすることで連続可変が可能に。6中間レバーの傾きを達成するために偏心カムを設けることで解決。

よい。バルブを開けておくとポンピングロスが発生するが、閉じておくと発生しない。閉じておけばピストンの上昇時に圧縮する力が要るが、下降時にはその圧力をいただけるので相殺され、ポンピングロスはないことになる。

● バルブトロニック（BMW）

　バルブトロニックはBMWが世界に先駆けて実用化した連続可変バルブリフト機構で、2001年に発表された「BMW316ti」で初めて採用された。そもそもBMWは「VANOS」と呼ぶ連続可変バルブタイミング機構を持っていた。吸気側だけでなく排気側も連続可変としたものが「ダブルVANOS」だが、バルブトロ

ニックはこのダブルVANOSをベースに、バルブリフト量も連続可変としたもので、負荷や回転数に応じてバルブタイミングとリフトの両方を連続可変制御する世界初の機構であった。

　連続可変バルブリフトの基本メカニズムは次のようなものだ。通常はカムがロッカーアームを介してバルブを押すのに対し、カムとロッカーアームの間にさらに中間レバーを介在させている。この中間レバーを可動とすることにより、カムが押したときの先端の変位も変化し、結果としてロッカーアームを押す量が変化してバルブリフトも変化するというもの。

　中間レバーは片持ち式（カンチレバー）で、その支点の位置を動かすのだが、その動力源はステッピングモーターである。モーターはウォームギアを介して偏芯シャフトに回転角度を与え、そのため偏芯シャフトに付いている偏芯カムが中間レバーの支点を押して位置を変化させる。回転角度を戻すとリターンスプリングで支点位置も戻る。一方バルブを駆動する通常のカムは偏芯シャフトの中間部分を押すが、支点の位置が変化するので押し方も変化し、その結果中間レバーがロッカーアームを押す量も変化し、バルブリフト量が変わる。

　中間レバーの先端の形状は独特で、リフト量の小さいときには湾曲した底面でロッカーアームを押すが、リフトが大きくなると中間レバー先端部で押すようになる。なお、ロッカーアームも片持ち式で、中間レバーとの接触部分にはローラーが組み込まれており、中間レバーはこのローラー部分を押すようになっている。もちろんこれは接触部分の抵抗を減らすためで、中間レバーもカムと接触する部分にはローラーが組み込まれている。

　最も早く連続可変のバルブリフト機構を実用化したBMWはその後、基本的な機構は維持したままさらに改良を加え、低速時のバルブリフト量を増したり、2つの吸気バルブのリフト量を変えることでスワールの発生を促す構造としたりしている。このような低速時のバルブリフトの微細なコントロールにより、当初は始動直後にスロットルバルブを使っていたが、現在の機構では使わなくなっている。

●VVEL（日産）

　日産はVVELという連続可変バルブリフト機構を開発し、2007年に発表したインフィニティG37（日本名スカイラインクーペ）に初めて搭載した。VVELは「バリアブル・バルブ・イベント&リフトシステム」の略で、通称「ブイベル」と呼ばれる。これに従来からのC-VTC（連続バルブ・タイミング・コントロール）を組み合わせて連続可変バルブタイミング&リフト機構としている。

　VVELの機構はリンクを使ってバルブの駆動とリフトの変化を行なうもので、単純な構造、作動ではない。構成としてはまず通常のカムシャフトとカムに当たるのがドライブシャフトと偏芯カムで、別途リフト量を連続可変とするためにコントロールシャフトがある。そしてバルブリフターを押し下げる役割をするアウトプットカムがある。コンロトールシャフトにはシーソー型のロッカーアームがはめ込まれており、一端は偏芯カムと結ばれリンクAを形成している。ロッカーアームのもう片方の端は揺動カム（アウトプットカム）と結ばれリンクBを形成している。すなわち、ドライブシャフトの回転による偏芯カムの揺動はリンクAを通じてロッカーアームに伝わり、さらにロッカーアームからリンクBを通じてアウトプットカムに伝えられる。そしてアウトプットカムがバルブリフターを押してバルブの開閉を行なう機構となっている。

　なお、回転するのはドライブシャフトだけで、偏芯カムもリンクBにより作動する揺動カムも回転はせず、揺動するだけである。その揺動によりバルブリフターを押し下げる。このように、カムが回転するのではなくあくまでも揺動を直線運動に変換することでバルブを駆動しているのがこのシステムの特徴である。

　以上はまだバルブの駆動の説明で、次にリフト量の制御について説明する。リフト量のコントロールは、コントロールシャフトに回転角を与えることで行なう。実はロッカーアームはコントロールシャフトに偏芯してはまっており、コントロールシャフトに回転角を与えるとロッカーアームの物理的位置がズレる。このズレがリンクの位置関係に変化を与え、結果として揺動カムの角度が変化する。角度が変化すると揺動カムのバルブリフターに接する位置も変わって揺動の振幅も変化する。この振幅の差がバルブリフト量の差になるわけだ。

初めてVVELを搭載した日産のVQ37VHRエンジン（3.7L、V6）
VVELエンジンは2007年に登場したスカイラインクーペに初めて搭載された。

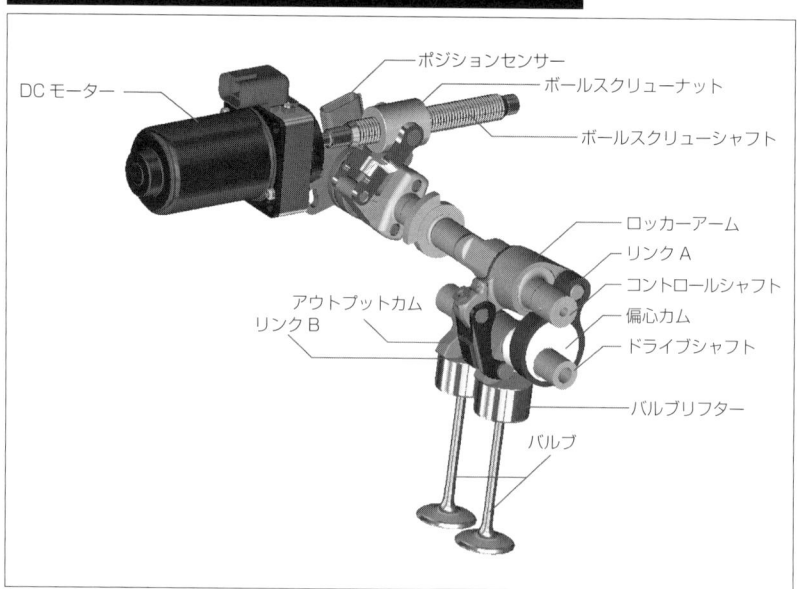

日産VVELの機構図
VVELは、バルブトロニックとは基本的に異なる方式で連続可変バルブリフトを実現している。カムは通常のカムでなくコントロールカムと称する偏芯カムで、その揺動を2つのリンクとアウトプットカムを介してバルブに伝えている。リフト量の変化はロッカーアームの偏芯した動きによりリンクの幾何学的位置が変わることで変化する。なお、バルブを押し下げたリンクBは揺動カムの動きに伴って引き上げられるので、バルブを閉じるのに通常のバルブのように強いバルブスプリングは使っていない。

第2章　バルブコントロール

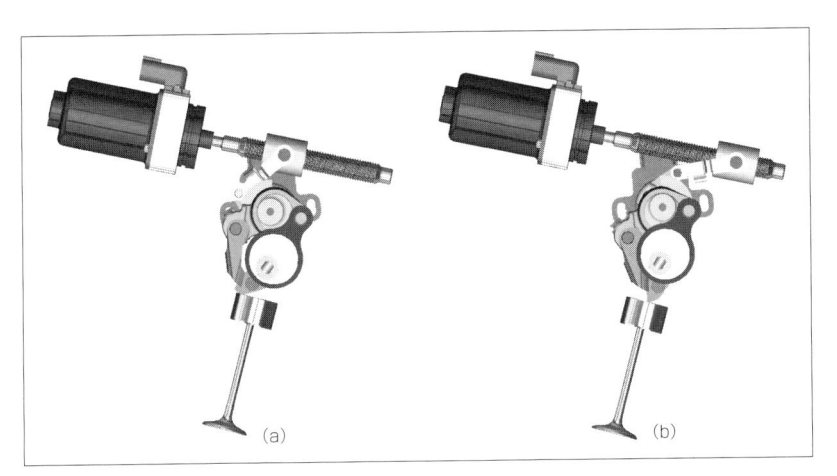

(a)　　　　　　　　　　　　　(b)

VVELのリフト量変化説明図
ステッピングモーターによりコントロールシャフトがねじられ、それに偏芯して取り付けられているロッカーアームの位置がずれ、リンクAとリンクBの位置も変化する。それに伴いアウトプットカムのリフターに当たる位置も変わり、リフト量が変化する。(a)はリフト量小、(b)はリフト量大。

VVEL搭載エンジンのカットモデル
中央に見えるのがリンクBで、その下にアウトプットカムがバルブリフターを押す様子が見える。上側のシャフトがコントロールシャフトで、下側のシャフトがドライブシャフトで、偏芯カムは通常のカムプロファイルとは違って円形で、動きは揺動である。その揺動は裏側で見えないがリンクAに伝え、ロッカーアームを介して手前のリンクBに伝わってくる。

39

リフト量変化の元となるドライブシャフトに回転角度を付けるのはDCモーターが行なう。モーターの回転軸はウォームギアではなくスクリューナットである。ナットとドライブシャフトがリンクで結ばれ、モーターの回転でナットが直線的に移動すると、リンクを通じてドライブシャフトに回転角度が与えられる。この角度変化がリフト量変化をもたらすわけである。

● バルブマチック（トヨタ）

バルブマチックはトヨタと動弁系の専門メーカー（株）オティックスとの共同開発により誕生した機構で、独特の方法で連続可変バルブリフトを実現している。また、吸排気のバルブタイミングを可変とするVVT-iと組み合わせて、協調制御することにより大幅な効率向上を図っている。

バルブマチックエンジン透視図
バルブマチックは2007年に発売されたノア／ボクシーに搭載された「3ZR-FEエンジン」で初めて採用された、トヨタの連続可変バルブリフト機構である。

第2章 バルブコントロール

◆揺動アーム機構部

　通常の動弁系ではインテークカムシャフトのカムがロッカーアームを押すことによりバルブを押し下げるが、バルブマチックではカムとロッカーアームの間に揺動アームという機構を設けている。この揺動アームがカムシャフトのカム山の動きを受け、同軸の揺動カムを動かし、その動きをロッカーアームに伝えるようになっている。連続可変リフトの機構はこの揺動アームの初期位相を変えることで行なう。すなわち、揺動アームはコントロールシャフトを軸として回転方向に動くことにより、カム山との位置関係を変化させる。カム山と揺動アームとが離れる方向に移動すれば伝えられる動きは小さくなり、それがバルブリフトを小さくするし、近づけばバルブリフトは大きくなる。つまり、揺動アームの角度変化によりバルブリフトを連続変化させているのである。

　この揺動アームの角度変化をどのように達成しているかというと、ヘリカルスプラインという構造による。通常のスプラインはマニュアルトランスミッションに見られるように軸と並行に溝が切られているので、スプライン上にはめたギアが軸方向に移動してもそのまま並行移動するだけだ。しかし、このねじった溝を持つヘリカルスプラインでは、軸方向に移動するギアにはひねりが与えられるの

バルブマチックエンジンのカットモデル
ヘリカルスプラインを持つスライダーが左右に動くと中央の揺動アームにねじりが与えられる。その変位がリフト量の変化になる。バルブトロニックはカムとロッカーアーム（バルブ）の間に中間レバーを介していたが、バルブマチックではこの揺動レバーを介するもので、考え方としては同様である。

41

で角度が変化する。この角度変化を利用して揺動アームの位置を変えているのである。なお、バルブマチックではギア（揺動アーム）が移動するのではなく、シャフトのほうが移動する。

　このシャフトの軸方向の動きを作る部分は後述するとして、具体的な揺動アームの構造を見てみよう。まずコントロールシャフトだが、実は2重構造になっていて中空のシャフトの中にロッカーシャフトと呼ばれるシャフトが入っている。軸方向に動くのは実は内側のシャフトのほうで、ピンを打ち込む穴がある。スリーブ状の外側のシャフトには細長い穴が開けられており、打ち込んだピンが軸方向に動けるようになっている。スライダーはこのコントロールシャフトにはめられ、ピンとブッシュを介して内側のシャフトとつながっている。すなわち、内側

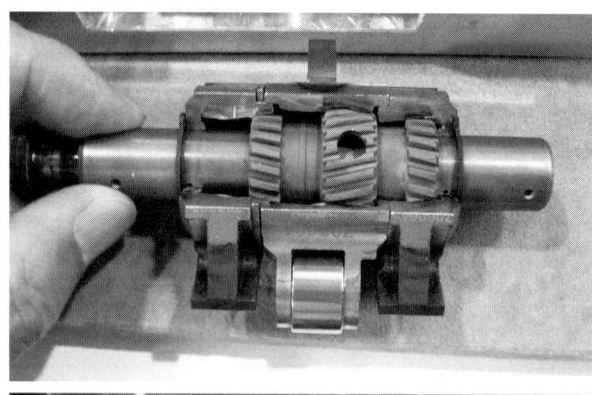

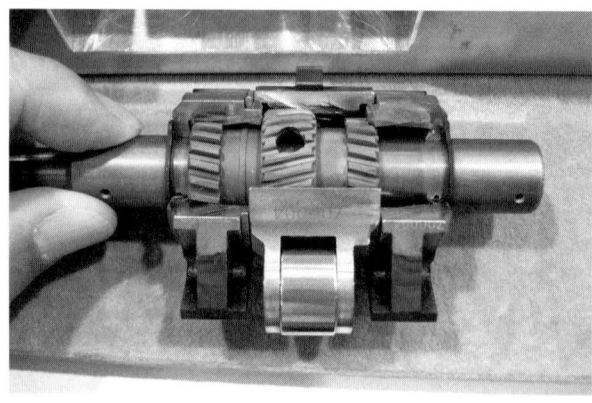

揺動アームへの変位の与え方
（上）アームセットと中のスライダー。スライダーは右の位置にある。このとき中央の揺動アームの軸に対する角度に注意。（下）スライダーが左に動くと中央のヘリカルスプラインの作用で揺動アームに回転が与えられ、手前のカムが当たるローラーが持ち上げられている。この変位がリフト量の変化になる。左右のスプラインは原理的にはヘリカルでなくてもよいのだが、変化量を大きくするため逆向きのヘリカルになっている。なおバルブを押すのは左右のアームである。

第2章 バルブコントロール

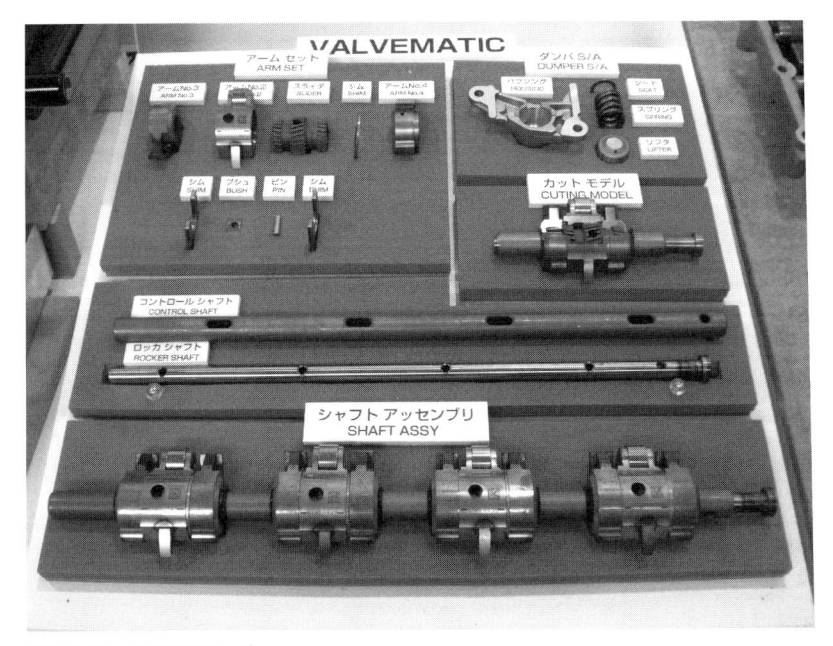

バルブマチックの構成部品一覧
いちばん手前がアッセンブリ。その上にシャフトが2本あるが、細いロッカーシャフトが太いコントロールシャフトの中に入る2重構造で、中のロッカーシャフトが左右に動き、ピンによりスライダーを動かす。それにより揺動アームに変位が与えられる。

のシャフトが軸方向に動くとスライダーも軸方向に動くわけである。この段階ではスライダーは回転方向には自由である。

このスライダーに、揺動アームを真ん中にして揺動カムが左右にはめ込まれている。このスライダーと揺動アームにヘリカルスプラインが使われており、スライダーが軸方向に動くと軸方向には固定されている揺動アームの角度が変わる。こうしてカム山との位置をずらして作動量を変化させている。

実はスライダーのヘリカルスプラインは揺動カムがはまる部分だけでなく、左右の揺動カムがはまる部分にも逆向きのヘリカルスプラインが設けられている。ここは通常のストレートのスプラインでもよいはずだが、逆向きのヘリカルスプラインとして逆方向の角度を作り出している。これは全体の角度の変化量を大きくするためである。中央に大きな角度のヘリカルスプラインを設けるより、小さ

43

な角度で左右に分散させた方がサイドスラストが小さく無理が少ないわけである。ちょっと考えると揺動カムが逆方向に働くため揺動アームの角度が小さくなるのでは？　との疑問も出そうだが、スライダーはコントロールシャフトに対しては回転方向に対して自由であるから、揺動機構全体の角度を増すように動く。つまり、揺動アームの角度変化量は自身の変化量と揺動機構全体の変化量が加わったものになる。中央と左右のヘリカルスプラインの角度が逆なのは、角度変化をより大きくするものである。

◆アクチュエーター部

揺動アームの角度変化を起こさせるのはコントロールシャフトの軸方向の運動であると説明した。この軸方向の動きを作り出しているのが、シャフトの端につながるアクチュエーターと差動ローラーギアである。差動ローラーギアはオートマチックトランスミッションで使われるプラネタリーギアの機構を使っている。ただ、各歯車は薄い円盤状ではなく棒状に長く、その左右端にギアが刻まれている。この差動ローラーギアの機構により、モーターの回転を減速するとともに軸方向の動きに変換している。

コントロールシャフトはサンギアと同軸であり回転しないので、外側のリングギアがモーターにより回転するとプラネタリーギアがサンギアの周りを公転しつつ、自らも自転する。実はこの棒状のプラネタリーギアとサンギアは中央部分がウォーム（ネジ状）となっており、互いに噛み合っている。そのためプラネタリーギアの公転と自転の動きによりサンギアは回転はせずに軸方向に動かされることになる。こうしてモーターの回転は大幅に減速されるとともに、軸方向の動きに変換されるわけである。

●三菱の連続可変バルブリフト

三菱はかつてホンダのVTECと同様の中低速用と高速用のカムを切り替えて使う可変バルブリフト機構を持ったエンジンをMIVECと称してミラージュに搭載したことがあるが、連続可変バルブリフトについては2011年の東京モーターショーで新開発の4J10型エンジンに搭載して公表したのが最初である。

第2章 バルブコントロール

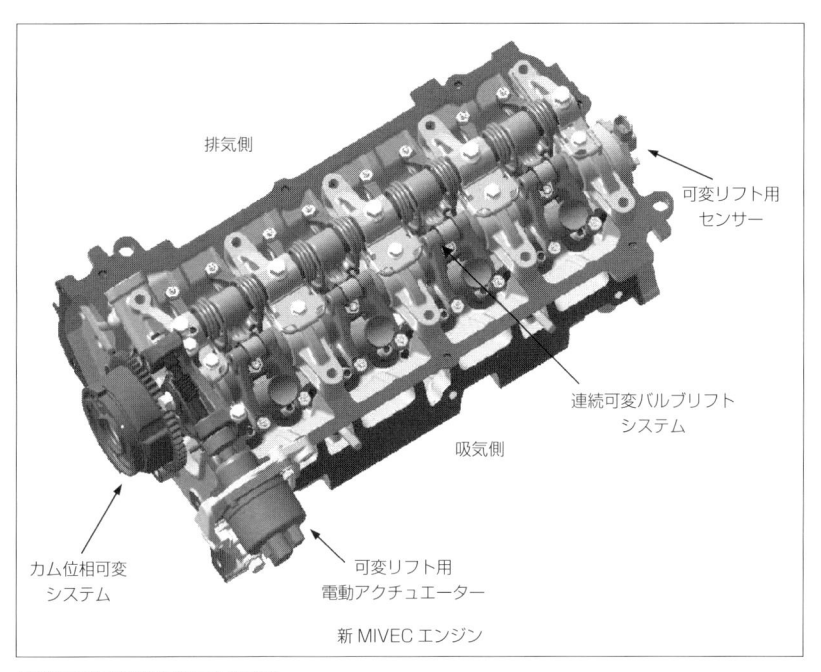

三菱の連続可変バルブリフト構成図
三菱は2011年の東京モーターショーで、連続可変バルブリフト機構を搭載した新開発の4J10型エンジンを公開した。排気量は1.8Lで、SOHCである。

　三菱は切り替え式のバルブリフト機構のエンジン以外もMIVECと呼んできており、MIVECは三菱の可変バルブコントロール機構全体を総称する名前であることが分かる。したがってこの4J10型もMIVECであるのだが、連続可変バルブリフト機構そのものを呼称するバルブトロニックとかバルブマチックといった他メーカーに見られるような名前はない。

　この4J10型エンジンは従来の4B10型に替わるもので、排気量は同じ1.8Lだが、DOHCからSOHCとなり、連続可変バルブリフト機構と連続バルブタイミング機構を装備した。

　構造は他の連続可変機構と同様、カムとロッカーアームの間に介在物を入れるのだが、三菱のそれはセンターロッカーアームとスイングカムの2つが介在する。まず、カムのプロファイルの動きはセンターロッカーアームを介してスイン

45

排気ロッカーアーム　スイングカム　吸気ロッカーアーム

制御軸

センターロッカーアーム

回転カム

排気　吸気

⬇

センターロッカーアームの支点位置を可変

支点

低リフト　高リフト

連続可変バルブリフトの構造と原理
バルブトロニックと同様カムとロッカーアームの間に介在物をかませる方法だが、センターロッカーアームとスイングカムの2つが介在する。センターロッカーアームは吸気ロッカーアームの軸を兼ねた制御軸にリンクでつながっており、制御軸をねじることで変位が発生する。その変位がリフトの連続可変を生む構造である。

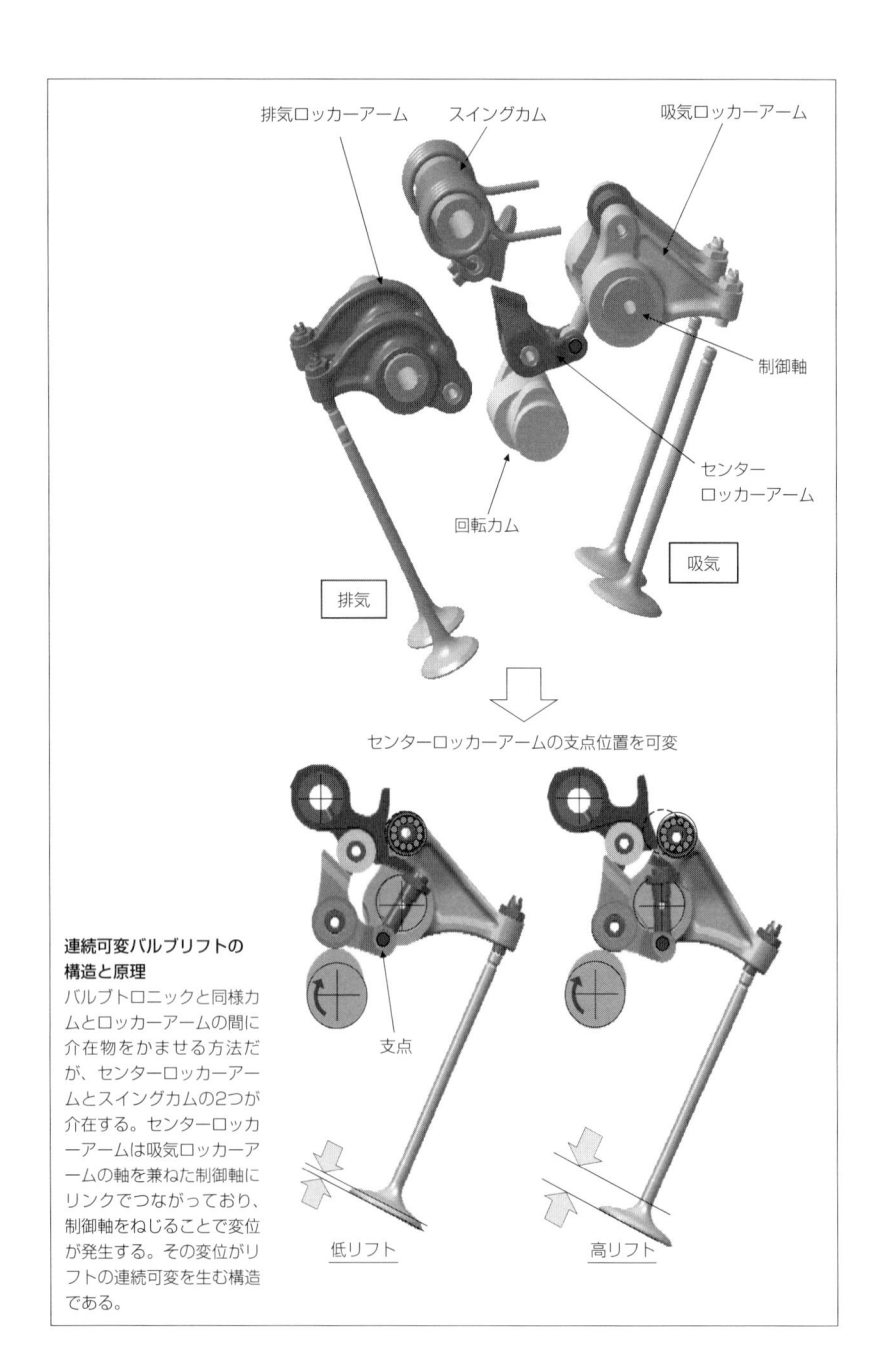

第2章　バルブコントロール

バルブタイミングの制御のイメージ

低負荷時は低リフトで早閉じのミラーサイクルになる。中負荷時は進角をむしろ遅らせる。SOHCだから吸排気とも遅れる。これにより吸気バルブは遅閉じミラーサイクルとなる。排気バルブは膨張エネルギーの回収に有利で、また内部EGRの増加でポンピングロスも減少する。

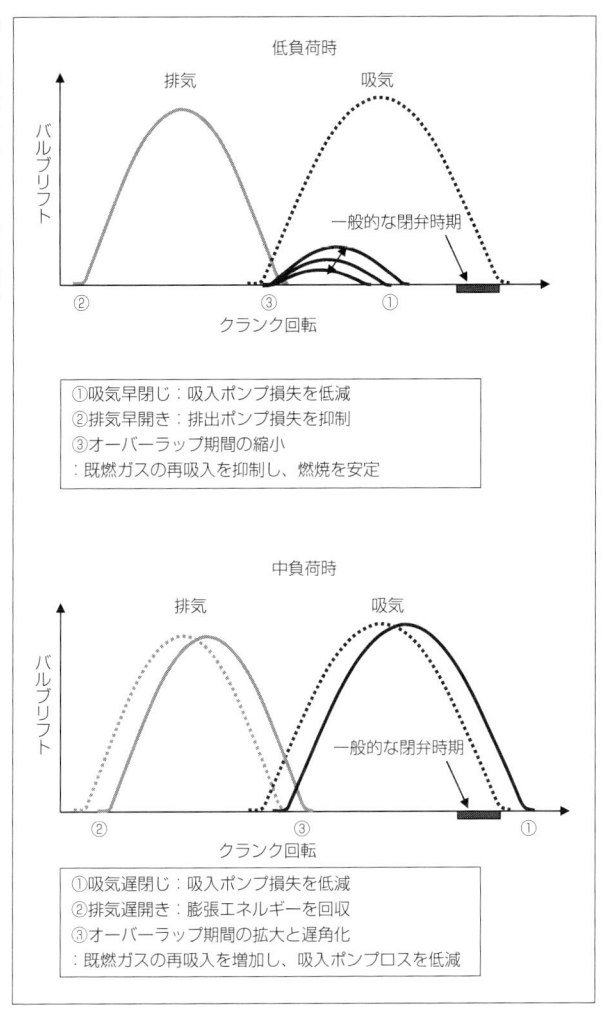

低負荷時

- 排気
- 吸気
- 一般的な閉弁時期
- バルブリフト
- クランク回転
- ② ③ ①

①吸気早閉じ：吸入ポンプ損失を低減
②排気早開き：排出ポンプ損失を抑制
③オーバーラップ期間の縮小
：既燃ガスの再吸入を抑制し、燃焼を安定

中負荷時

- 排気
- 吸気
- 一般的な閉弁時期
- バルブリフト
- クランク回転
- ② ③ ①

①吸気遅閉じ：吸入ポンプ損失を低減
②排気遅開き：膨張エネルギーを回収
③オーバーラップ期間の拡大と遅角化
：既燃ガスの再吸入を増加し、吸入ポンプロスを低減

グカムに伝わり、スイングカムが吸気ロッカーアームを動かしてバルブを押し下げる。センターロッカーアームは制御軸の回転により接合部が引かれて位置が変わる。センターロッカーアームの位置が変わることでスイングカムを押す位置も変わるため、同じカムプロファイルでもリフト量に違いができる。なお、センターロッカーアームに変位を与えるのは電動のアクチュエーターである。

4J10型エンジンはSOHCであるから個別制御はできないが、吸排気ともバルブタイミングは可変である。そして吸気は可変リフトとタイミングが協調制御されるので、低負荷ではバルブの早閉じによるミラーサイクルとして低燃費化を図っている。

連続可変バルブリフトであるから、当然バルブのリフト量で吸気量をコントロールしているが、スロットルバルブ自体はやはり残されている。通常スロットルバルブは全開のままだが、アイドリング時は閉じて低い吸気圧を作り冷間時の燃料の気化を促進する。またブレーキサーボ用の負圧、ブローバイガス吸引のための負圧を得るためにスロットルバルブが使われる。

● マルチエア（フィアット）

フィアットが2009年に発表したマルチエアテクノロジーは、画期的なバルブコントロールの手法として注目される技術である。フィアットでは「電子制御油圧駆動式可変バルブ開閉メカニズム」といっているが、構造はシンプルで、駆動

画期的なバルブ駆動機構を持つマルチエアエンジン
フィアットは2009年にマルチエアテクノロジーとして「電子制御油圧駆動式可変バルブ開閉メカニズム」を発表、翌2010年にアルファロメオ・ミトに搭載した。

第2章　バルブコントロール

マルチエアエンジンのカットモデル
カムシャフトは1本で、そこに吸気のカムと排気のカムの両方が設けられている。排気バルブは通常通り排気カムにより直動で駆動される。しかし吸気バルブのほうは吸気カムが油圧ポンプを駆動することで作り出す油圧で駆動される。

に要するエネルギーも少なく比較的低コストであり、本質的にフェイルセーフ機能を備えているとしている。

★機構と作動

　バルブを戻すのは通常通りバルブスプリングによるが、バルブを押し下げるのを油圧で行なうのがこの技術の特徴である。吸気カムにより駆動される油圧ポンプにより油圧チャンバー内の油圧を上げ、その油圧をバルブの駆動部に送りバルブを押し下げる。チャンバー内の油圧はソレノイドバルブのオン・オフにより制御され、油圧の保持と開放を行なう。

　ソレノイドバルブが閉じているときには油圧チャンバー内に満たされているオ

イルは固体のように作用し、吸気カムが生み出す油圧をそのまま吸気バルブを押し下げるように働く。その開閉タイミングは吸気カムのプロファイルに連動したものとなる。次に、ソレノイドバルブが開くと油圧チャンバー内の油圧は開放され、吸気バルブを押し下げていた力が抜かれるため、吸気バルブはバルブスプリングの力で戻され、バルブは閉まる。

　これらの仕組みにより、油圧チャンバーに備えたソレノイドバルブの開閉時期と時間を制御することで、吸気バルブの開閉タイミングとリフトを広範囲に制御することができる。たとえば、最高出力時はソレノイドバルブを閉じたままにすると吸気カムと直結状態になるので、吸気バルブが最も大きく開くようになる。また、低回転域でトルクを向上させるためにはカムプロファイルの終わり付近でソレノイドバルブを開いて油圧を開放し、吸気バルブとの連結を解除することで、吸気バルブを通常より早く閉める。その結果、吸気マニホールドへの吸気の逆流を防ぎ、シリンダー内への流入空気量の増大を図れる。部分負荷の状態ではソレノイドバルブを早めに開けて油圧を開放することでバルブの開度を制限、し、要求されるトルクに見合うだけの空気量を取り込むようにする。

　また、吸気カムが作用を始めるタイミングよりも遅らせてソレノイドバルブを閉じることにより吸気バルブを少しだけ開くこともできる。これはピストンがよ

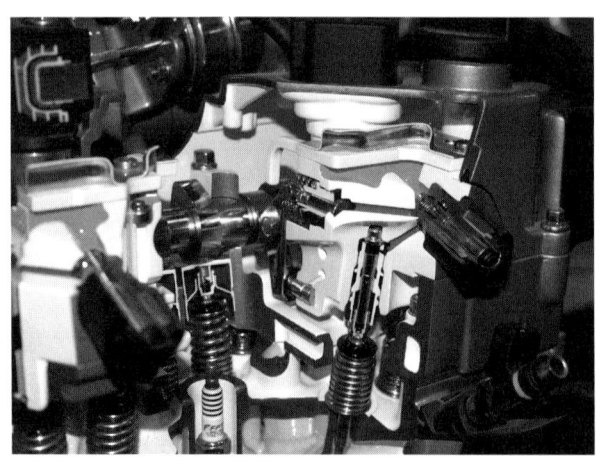

吸気バルブの駆動部の　カットモデル
カムシャフトにより中央のオイルポンプが駆動してオイルが油圧チャンバーに送られる。チャンバー内の油圧はソレノイドバルブによりコントロールされ、油圧の保持と開放を行なう。油圧が保持されていればオイルは固体のように働きカムが作り出す油圧どおりにバルブを駆動する。ソレノイドバルブを開放すれば油圧が抜け、バルブはスプリングの力で閉じる。

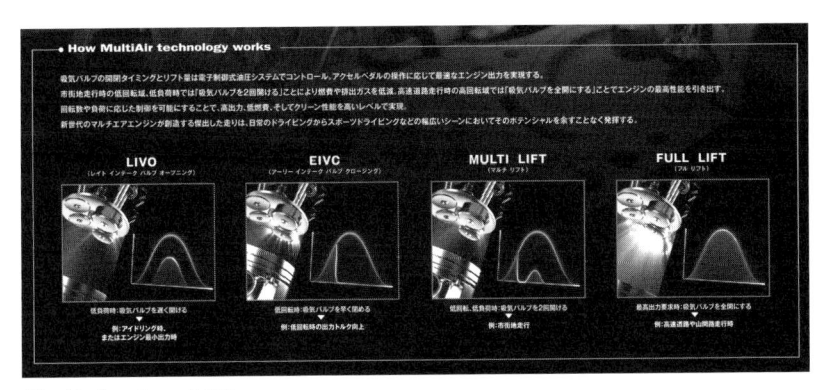

吸気バルブコントロールの例
吸気バルブは吸気カムの形状の範囲内で自由に開閉の時期と量を調節できる。左から、低いリフトでバルブの遅開け、早閉じ。次は早閉じ、3つ目は小さく2回開け。4つ目はフルリフト。このようなコントロールが可能。

り下がって吸引力が増している状態だから、空気はより速いスピードで流れ、過流を起こしやすくなる。

1回の吸気ストロークで上記の吸気バルブを早く閉める作用と、その後遅く開くという作用モードを使えば、きわめて低い回転域で負荷が低い状態でも、過流形成と燃焼速度を向上させることができる。これを「マルチリフトモード」と呼んでいる。

なお、通常はバルブが閉じるときはカムプロファイルに従ってなだらかに閉じていくが、このシステムでは油圧を開放することで一気に閉じることができる。その場合でもバルブの閉じる最終段階では「ハイドロリックブレーキ」と呼ばれるプランジャーの油圧抵抗が作用することで、バルブシートに衝撃を与えないようソフトにバルブが当たるようになっている。

構造的にはカムシャフトは1本だけである。排気バルブはこのカムシャフトの真上にあり直動されるので、排気カムシャフトと見ることもできる。したがって、排気カムシャフトに吸気のカムプロファイルをも設けているともいえる。吸気のカムは前述のように油圧ポンプを作動させ、排気のカムは通常どおり直接排気バルブを駆動する。

まとめると、吸気カムのプロファイルの範囲内で、バルブの開く時期を遅らせ

フィアット500に搭載されたツインエアエンジン
吸気バルブを油圧駆動するマルチエアテクノロジーの第2弾は2気筒875ccターボエンジン。今後さらに拡大していくという。

ることができる。また、バルブを閉じる時期を早めることもできる。この意味ではカムシャフトに通常の可変バルブタイミング装置（VVT）は付いていないが、バルブの開閉時期は可変である。バルブリフトについても、カムプロファイルの範囲内でリフト量を連続的に変化できる。したがって、連続可変バルブタイミング・リフトで、ノンスロットルバルブのエンジンである。

　その結果、以下のような結果が得られる。
・最高出力優先型のカムプロファイルを採用すると、最高出力が約10％向上。
・吸気バルブを早く閉めることでシリンダーへの充填効率を高める結果、低回転域でのトルク約15％向上。

第2章　バルブコントロール

- 同じ排気量なら自然吸気か過給式エンジンかに関わらず、ポンピングロスを削減することで燃費とCO_2排出量を約10％低減。
- 同等の動力源を維持しながらも、ダウンサイジングとマルチエアテクノロジーを採用することで、従来型自然吸気エンジンに比べ、約25％燃費を低減することが可能。
- 暖気中のバルブタイミングの最適化や内部EGR効果、排気行程中に吸気バルブを再び開ける効果により、エミッションレベルを大幅改善。HCとCOを最大40％、NOxを最大60％低減。
- 自然吸気エンジンでは吸気バルブの上流側で常に大気圧並みの気圧を保ち、過給エンジンではより高めの1気圧を維持。シリンダー内との圧力差が大きいことから吸気の流速が増す。さらにシリンダーごと、ストロークごとに、それを維持することで、レスポンスが向上。

ツインエアエンジンの油圧バルブ駆動のカットモデル
基本的な構造はミトに搭載したシステムと変らない。吸気カムで駆動される油圧ポンプが作った油圧を油圧チャンバーに導き、ソレノイドバルブでその油圧を保持したり開放したりしてバルブの開閉をコントロールする。

★**今後の改良発展**

　フィアットではこのマルチエアテクノロジーをさらに発展させるとして、次のような展望を表明している。

・マルチエアテクノロジーと直噴の融合により、エンジンの過渡特性と燃費をさらに改善。
・バルブの開閉について、さらに進歩的な多段式開閉タイミングの導入により、エミッションレベルをさらに改善。
・最適な過給圧と吸気バルブ開閉ロジックの組み合わせから得られる吸入空気量の制御。それに最適な革新的ターボチャージャーの組み合わせ。

　この技術はフィアットの子会社が開発したものだが、量産化に当たっては部品メーカー大手の「シェフラー社」が担当した。2009年に発表し2010年に4気筒のマルチエアエンジンは量産化され、アルファロメオ・ミトに最初に搭載された。

　そして2011年にはツインエアとしてフィアット500の2気筒875ccターボエンジンにも搭載された。フィアットグループは今後マルチエアエンジンをさらに技術開発を進めるとともに、その採用も拡大していく構えだ。

第3章

気筒休止

気筒休止

　気筒休止とは、多気筒エンジンにおいてその一部のシリンダーの働きを休止させるものである。別名可変シリンダーシステムともいい、目的は燃費の改善である。たとえば加速を行なわずに定速クルージングをしているときには、大きなパワーを要しないので、半分のシリンダーを休止させロスを減少、残りの半分のシリンダーだけで走行しようというものだ。大きなエンジンを小さく使うという発想である。

　この気筒休止のシステムは、1981年にキャディラックのV8エンジンが最初に行なったといわれているが、トラブルが多くその後姿を消した。日本においては1982年に三菱自動車がミラージュの直列4気筒で初めて気筒休止を行ない、その後1992年にギャランの直4、V6エンジンでも採用したが、広く普及するには至らなかった。

　気筒休止がよく知られる存在になったのは、やはりホンダが2003年に発表し

たインスパイアのV型6気筒エンジンにVCMと称する気筒休止システムを採用したときである。VCMは「バリアブル・シリンダー・マネジメント」の略で、このシステムはエンジンの負荷の大きいときは普通に6気筒（3.0 L）で走行するが、負荷の小さいクルージング走行では3気筒を休止し、残りの3気筒だけで走行するように切り替わる。具体的には横置きのV型エンジンの後ろ側のバンクの気筒が休止し、前側バンクの3気筒を働かせていた。これは、前側バンクは冷却に有利であることと、キャタライザー（触媒）を休止バンクの真下で温度保持をして浄化性能の劣化を防ぐためである。

その後、2007年のインスパイアのモデルチェンジ時に、排気量を3.5 Lとするとともに、VCMも進化させたエンジンを搭載した。このVCMは走行状態により通常の6気筒のほか4気筒、3気筒と3つの燃焼モードに切り替わる。3気筒燃焼は従来と同じく片側のバンクが気筒休止するが、4気筒燃焼では左右バンクの先端と後端、すなわち2番と5番シリンダーが休止する。発進・加速時や登坂時は6気筒、クルーズ時は3気筒、さらに前モデルの2つの燃焼モードのエンジンでは気筒休止にはならなかった比較的高い速度域での緩やかな加速時は4気筒での燃焼とした。より細やかな制御で気筒休止を多用するようにしたわけで、高速走行時の燃費性能をさらに向上させた。

ところで、気筒休止しているシリンダーにおいてバルブは閉じているのか、開いているのか？　これは閉じているのである。バルブが開いているとシリンダー内に空気が入ったり出たりで、まさにポンピングロスが発生する。閉じているとピストンの上昇時に圧縮するので抵抗になるが、下降時にはその圧力をもらえるので、プラスマイナスゼロということになり、ポンピングロスは発生しないわけである。

一方、働いているほうのシリンダーは、本来の6気筒時よりも4気筒時や3気筒時のほうがアクセル開度は大きくなるので、結果としてポンピングロスが減ることになる。ホンダでは吸排気で発生するポンピングロスは60％以上低減するとしている。

なお、ホンダが気筒休止を採用した背景には、VTECという可変バルブタイミ

第3章　気筒休止

インスパイア用V6エンジンの気筒休止イメージ図
発進や加速時では6気筒すべてを使って運転（上）。エンジン負荷の少ない巡航時は片バンクの3気筒を休止させ低燃費走行（中）。3気筒走行からの緩やかな加速などでは2番と5番の気筒を休止し、4気筒で運転。6気筒運転の頻度を減らして低燃費に貢献（下）。

[6気筒燃焼]
発進時やクルージング状態からふたたび加速する時などは、6気筒ならではの豊かなトルクで力強い動力性能を発揮します。

[3気筒燃焼]
エンジン負荷が少ない巡航時などで、片バンク3気筒のバルブ駆動を休止。快適なフィールで低燃費走行が可能です。

[4気筒燃焼]
3気筒燃焼時からのゆるやかな加速などでは4気筒燃焼で駆動。6気筒燃焼での走行頻度を減らし低燃費に貢献します。

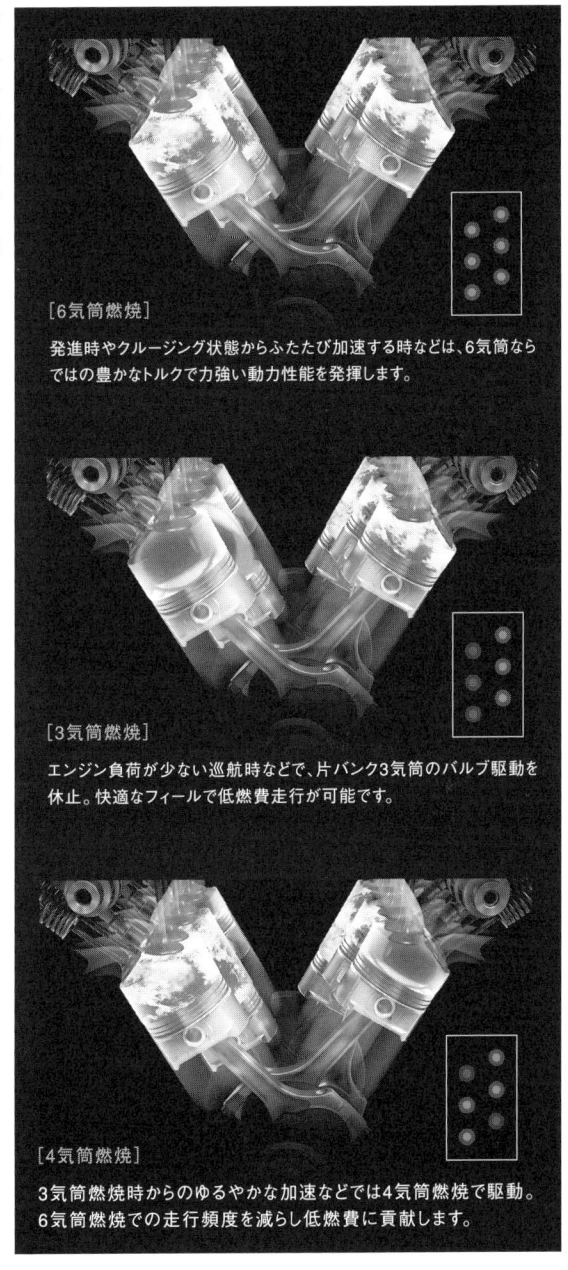

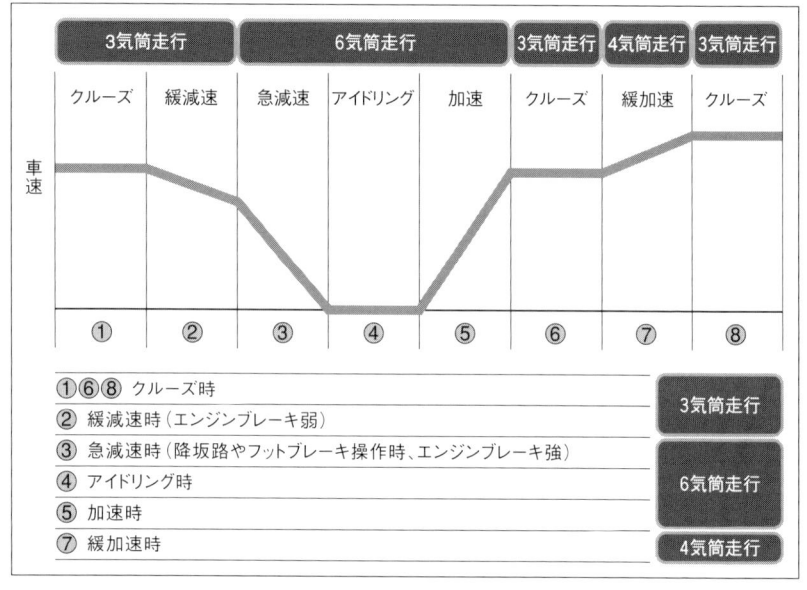

車速の変化と気筒休止の使い分けイメージ
定速巡航の①⑥⑧の区間では3気筒走行。アクセルを緩めてエンジンブレーキで緩やかに減速する②区間でも3気筒走行。フットブレーキを使った急減速時や強いエンジンブレーキを使う③などでは6気筒走行。停車しアイドリング状態の④では安定した低回転を得るため6気筒運転。発進加速のようにある程度強い加速力が必要な⑤区間では6気筒走行。一定速度から緩やかに速度を増していく⑦区間では4気筒走行。

ングリフト機構の技術を確立していたことが大きい。この技術を使えばバルブの動きを休止させるのは簡単であるといえる。

　気筒休止しているシリンダーはポンピングロスが発生しないので、エンジンブレーキの効きは悪い。しかし、これはハイブリッド車などが減速時にエネルギー回生しようとしたときには都合が良い。2001年にシビックハイブリッドが4気筒のうち3気筒を休止するエンジンを搭載、2005年には4気筒すべて休止するエンジンを搭載した。このように、少気筒での運転を伴わず単に気筒を休止させるだけでも、エネルギー回生時には気筒休止は効果を生む。

　気筒休止エンジンの例は世界的にも少ないが、2012年になり、フォルクスワーゲンが気筒休止エンジンを搭載した「ポロBlue GT」を発表し注目された。気筒休止するのは1.4 LのTSIエンジンで、エンジン回転数1250〜4000 rpmの範囲で

第3章　気筒休止

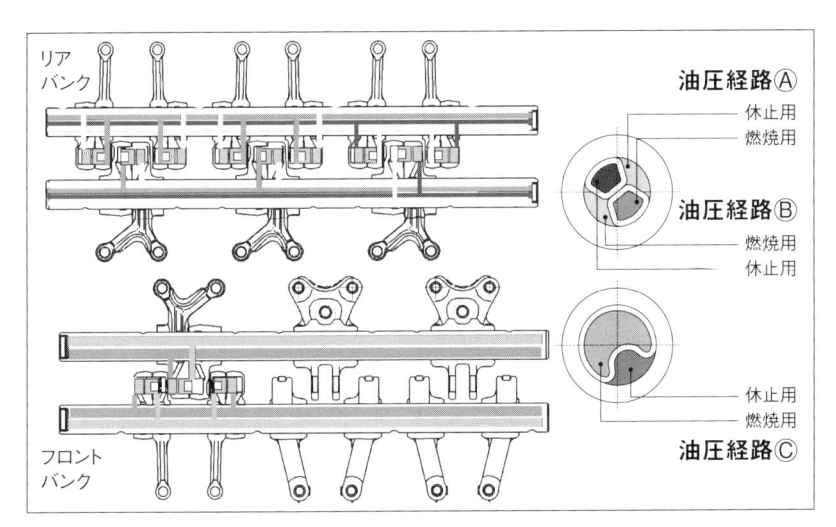

V6気筒休止エンジンのバルブコントロール用油圧経路
気筒休止させるということは、カムに従ったバルブの開閉の動きを断ち、バルブが閉まった状態を保つこと。上側のリアバンクは3気筒休止では3つともすべて休止。2気筒休止では上右の2番気筒と下左の5番気筒の2つの気筒が休止する。下の中と右の気筒は休止しないので、油圧経路はない。

4気筒すべてが休止するインサイトの気筒休止エンジン
インサイトの気筒休止はインスパイアの気筒休止とはコンセプトが異なる。この気筒休止はポンピングロスによるエンジンブレーキの効きを弱くし、減速時のエネルギー回生率を高めることを目的としている。そのため全気筒を休止として、休止中に燃焼している気筒はない。

59

インサイトの気筒休止用吸排気ロッカーアーム
ローラーの付いた外側のロッカーアームとバルブを押す内側のロッカーアームとは、ピンの抜き差しにより結合されたり分離されたりする。結合状態では通常のバルブ駆動でエンジンは普通に運転される。気筒休止時は結合が外れ、外側のロッカーアームは空打ち状態になり、内側のロッカーアームは動かずバルブは閉じたままになる。

25〜100 N·mのトルクが発生している状態において、4気筒のうち2気筒を休止させるというもの。同社はこれを「ACT（アクティブシリンダーマネジメント）」と呼んでいる。

　TSIの思想は「小さなエンジンを大きく使う」ことだが、状況に応じて小さなエンジンをさらに小さく使おうということで、さらなる燃費の向上を目指したものといえる。それだけガソリンエンジンの燃費向上の社会的要請が強いということでもある。

第4章
直噴

空燃比と燃焼

　直噴の話に入る前に燃焼に関わる事柄について簡単に説明しておこう。
　燃料と空気の割合を空燃比という。燃料を完全に燃やすのに必要な空気量を重量比で表わすと1：14.7になる。つまり、燃料1に対し14.7の空気が、燃焼するのにちょうど過不足ない量である。この14.7という比率を理論空燃比という。しかし、空気に燃料を噴霧しても完全に均一に混合するのは難しい。燃料が濃いところと薄いところができやすい。そのため燃料と空気ができるだけ均一に良く混ざるようにする工夫がなされている。
　理論空燃比より空気が多く混合気が薄い状態を「リーン」、空気が少なく濃い状態を「リッチ」というが、一般に出力を出すときにはリッチにし、燃費を良くするにはリーンにする。その意味するところは第1章で述べたように、出力を出すときには取り込んだ空気を100％むだなく使うために燃料を多めにして、「燃料と出会えない空気をなくそうとする」もの。逆に燃費を良くするには送り込ん

だ燃料を100％むだなく使うために空気の量を多くして、「空気と出会えないガソリンをなくそうとする」もの、である。したがって通常でも加速時などには混合気を濃いめに調節してシリンダーに送り込み、平坦な道路を一定速度で巡航するような場合は薄めに調節する。なお、あまり濃すぎても薄すぎても燃焼しなくなる。通常燃焼可能な空燃比は10.5〜16.5といわれているが、いったん着火して燃焼が始まればもっとずっと薄い空燃比でも燃焼は可能である。

成層燃焼と均質燃焼

　空燃比が薄すぎると着火しなくなるが、シリンダー内全体では薄い混合気でも、点火プラグの周辺にだけ濃い混合ガスが集まるようにすれば着火する。いったん着火すれば薄い混合気も燃焼しやすくなる。このように全体としては薄い空燃比で燃焼させるのが希薄燃焼（リーンバーン）である。それを達成するためにスワール（ボア方向の回転渦）やタンブル（ストローク方向の回転渦）といった吸気の流れを作る工夫がなされている。

　このように燃料の濃い層を作って着火燃焼させる方式を成層燃焼という。層状燃焼ともいう。この成層燃焼は希薄燃焼の基本で、ポート燃料噴射から行なわれてきたが、直噴では点火プラグの近くに燃料を噴射することで着火しやすい空燃比の混合ガスを作れるので成層燃焼をさせやすい。通常の希薄燃焼は空燃比20から25くらいだが、直噴による成層燃焼では空燃比40かそれ以上の超希薄化が可能になる。したがって希薄燃焼やいわゆる超希薄燃焼は成層燃焼により達成されるので、同義に使われることもある。

　一方、燃料と空気を均一になるようによく混ぜてから燃焼させるのが均質燃焼である。すなわちシリンダー内のどの場所でも同一の空燃比となるようにして燃焼させる方法である。混合気が均質になると空燃比が理論空燃比あたりで良く燃焼するので、有害な排ガスも少ない。このような理論空燃比近くでの燃焼をストイキ燃焼といい、通常は均質燃焼で行なわれる。ストイキとはストイキオメトリー（stoichiometry）という「等量比」を意味する化学用語からきている。

ポート噴射では基本的には吸入行程でしか噴射できないので極端な希薄燃焼は行なえない。しかし直噴では噴射タイミングの自由度が高い。吸入行程や圧縮初期といった早い時期に噴射すれば空気と燃料は均質化しやすい。逆に圧縮後期の噴射では成層状態を作れる。タイミングをずらして複数回の噴射を行なうことも可能である。それだけ燃焼をコントロールしやすく、これも直噴の利点である。

直噴

　燃料噴射（インジェクション）システムは1990年代にキャブレターに取って代わったが、そのほとんどはポート噴射であった。ところが近年では、筒内直接噴射、通称「直噴」が技術的に注目され、その採用が増えてきている。直噴自体は歴史が古いが当初は機械式であった。その後電子技術による技術的発展があり、今後さらに採用が進む技術とされている。また、直噴と過給器との組み合わせのメリットも高く、今後の方向性を示している。

直噴のメリット

　ポート噴射に対し直噴のメリットを挙げると次のようになる。
　直噴は正確な量の燃料を必要なタイミングで高圧で噴射することができる。ポート噴射ではポート壁に燃料が付く分もあるので、適切な量の燃料を適切なタイミングでシリンダー内に送り込むのに難がある。また直噴はピストンの行程の中で噴射の時期、回数を分けることも可能で、それだけ燃焼を自在にコントロールしやすい。
　直噴は燃費の良い超希薄燃焼を可能にする。ポート噴射では混合ガスが薄すぎると着火させることができないが、直噴では点火プラグ辺りに燃料を噴射することで濃い混合気を作り着火させ、その燃焼で希薄な混合気を燃焼させることができるので、超希薄燃焼が可能になる。
　直噴は圧縮比を上げることが可能で、その結果熱効率が上がる。なぜなら直噴

は高温のピストンに向けて燃料を噴射するので気化潜熱による燃焼室内の冷却効果がある。およそ50℃程度混合気の温度を下げる効果があるとされており、これでノッキングが起こりにくくなり、その分圧縮比を高めに設定することが可能になる。また点火進角を進めることも可能になる。

　ポート噴射では予め燃料と空気が混ざっており、圧縮比を高くしていくとディーゼルエンジンのように自己着火してノッキングを発生する恐れがある。直噴でも吸気行程で噴射する場合もあるが、冷却効果で自己着火はそれだけ起こりにくい。ところで圧縮比というのは膨張比を大きくすることであり、熱効率と直結している。圧縮比が高まればエンジンの熱効率が上がり、それは出力向上、燃費向上を意味している。

　吸気行程での燃料噴射は、その気化潜熱による冷却効果で体積効率が高まる。すなわち充填効率を高めることができる。体積でおよそ5％程度増加すると言われており、その分トルクが増大する。

　さらに直噴は希薄燃焼の可能性を高めるが、その希薄燃焼ではポンピングロスを減らすことができる。すなわち、希薄燃焼の場合はガソリンに対し空気の量が多いということであり、それだけスロットルバルブを開いていることになる。それはアイドリングからパーシャル域のスロットル開度の比較的小さい領域でポンピングロスが低減することを意味している。

　直噴エンジンでは早期に触媒の温度を上げることができることでも長所になる。現在、ガソリンエンジンの排ガスの浄化には三元触媒が使われているが、この触媒は温まった状態で機能する。エンジンを冷えた状態から始動した場合、触媒が温まるまでの間は排ガスがあまり浄化されずに排出されてしまうため、触媒はできるだけ速い温度上昇が望まれる。直噴では燃料の噴射タイミングが自由に取れるから、たとえばメインの噴射に加えて排気行程で少し噴射するなどが可能である。そうすることで触媒付近での燃焼を起こし早期に触媒を温められる。

第4章　直噴

直噴の誕生と初期

　燃料噴射システムの歴史は古く、電子制御以前から機械式の燃料噴射があった。そもそも第二次世界大戦時において急上昇、急降下、急旋回、背面飛行などを行なう戦闘機がキャブレターでは燃料供給切れを起こしがちであり、その対策として開発されたという。その燃料噴射の技術を最初に自動車に取り入れたのは、メルセデスベンツで1954年に300 SLの直列6気筒エンジンが採用している。これは筒内直接噴射方式で、なんと最初に自動車用エンジンで採用された燃料噴射は直噴であったというのも興味深い。

　しかし、燃料噴射が一般のクルマに広まることはなく、その後も一部の特殊な高級車やレーシングカーで使用される程度であった。大気汚染や石油ショックのあった1970年前後にも直噴エンジンの開発機運があったが、その後三元触媒の登場や石油供給事情の好転などにより直噴の開発には結びつかなかった。そのため燃料噴射といってもポート噴射が主流であった。

　1990年代に入るとキャブレターに代わって燃料噴射システムが一般のクルマに使用されるようになる。これは折からの排ガス規制の強化という時代背景と、コンピューターの進化により電子制御が可能となったからである。急速に進んだ燃料噴射化であったが、それらはすべてポート噴射であった。

　そうした状況の中、1996年に三菱自動車が「GDI」と称した直噴エンジンを世界で初めて量産車に搭載した。これは低中速での「希薄燃焼」を目的とした直噴エンジンで、空燃比40前後の超希薄燃焼を狙ったものだった。そのためには成層燃焼を行なわせる必要があり、頂部には大きな窪み（キャビティ）を設けた特殊な形状をしたピストンを使用した。しかし、低負荷、低中速運転ではよいものの、そのピストン形状は高負荷、高回転には向いてなく、実用燃費は思ったほど伸びなかった。また、燃料が薄いということから、NOxの発生が多く、三元触媒では処理しきれないほどであった。さらにPMが燃焼室にたまりやすいという問題もあった。そのため、大きな期待がもたれた直噴エンジンであったが、次の発展を見ずにやがて消えていってしまった。

三菱が世界に先駆けて量産車に搭載した直噴エンジン「GDI」

三菱は1996年に世界で初めて筒内直接噴射のガソリンエンジンを量産車に搭載した。「GDI」と称したこのエンジンはピストンに大きなキャビティ（窪み）を設けて成層をつくり希薄燃焼を狙った直噴エンジンであった。しかし、燃費は思ったほど伸びず、またNOxやPMの対策に苦しみ、成功とは言い難い形で終わってしまった。

大きなキャビティを持った三菱GDIエンジンのピストン

大きなキャビティを持ち、ここに向けて直接噴射された燃料が成層を作り着火、全体としては希薄燃焼させるものだった。しかし希薄燃焼の有効な運転域は思ったほど広くなく、またこのピストン形状も高回転域では効率が良くなかった。

第4章　直噴

トヨタ初の直噴エンジン「D-4」
トヨタも三菱に次いで直噴エンジン「D-4」を出す。これも、ピストンに大きなキャビティを持つ希薄燃焼直噴であったが、後にストイキ燃焼にコンセプトを変え、ポート噴射を加えた独特の「D-4S」へと発展させる。

　三菱のGDIの登場の直後にはトヨタも直噴エンジン「D-4」を登場させる。これも希薄燃焼を狙ったもので、やはりピストンにキャビティを持ったものだった。当然トヨタも三菱と同様の問題を抱えたが、トヨタは後に希薄燃焼からストイキ燃焼へとコンセプトを変更する。しかし、そのような状況から、期待された直噴化の機運は大きく後退した。

直噴エンジンのその後

　一時は直噴エンジンへの熱は冷めたかのようであったが、21世紀に入り再び直噴への関心が高まったのは、いっそう厳しくなる排ガスや燃費規制への対応として、ガソリンエンジンにはさらなる燃焼の追求が求められていたからであった。国内でも第2世代の直噴エンジンが登場してくる。

　2002年にはスズキが660 ccの直噴ターボを発表しワゴンRの上級グレードに搭載した。2003年にはホンダが「i-VTEC I」と名付けた初の直噴エンジンを開発した。これは排気量2.0 Lで、ストリームの新モデルであったアブソルートに搭載した。

2002年に発表したスズキの660 cc直噴ターボ

スズキは2002年に軽4輪用としては初めての660 cc直噴ターボエンジンを発表、ワゴンRの上級グレードに搭載した。これは提携先のGMの協力を得ての開発であったが、VWのTSIより先に直噴＋過給エンジンを実用化していたことになる。弱成層混合気の形成や大量のEGRの導入により、低排出ガスと低燃費を実現させた。

ポートにもインジェクターを持つトヨタのD-4S直噴V6エンジン

右のバンクを見るとインテークポートとシリンダーの上部角の2箇所にインジェクターが見える。シリンダーの中央は点火プラグ。

第4章 直噴

ホンダ初の直噴ターボエンジンの構造図（2003年）
ホンダは2003年、初めて直噴エンジンをストリームアブソルートに搭載した。特徴はインジェクターを真上に設け、ピストンに設けたキャビティに向けて真下に噴射することで、シリンダー壁への燃料の付着を防ぐとともに、高濃度の混合気（成層）を作り出していること。またVTECのバルブコントロールでスワールを発生させるなどして超希薄燃焼を可能とした。

DOHC i-VTEC I エンジンに投入した主な技術

センターインジェクション
● シリンダースリーブへの燃料付着防止

DOHC i-VTEC
● バルブ休止機構　● 急速燃焼
● 高効率吸気システム

空気

スワールインジェクター
● 高耐熱高信頼性

キャビティピストン
● 超希薄燃焼

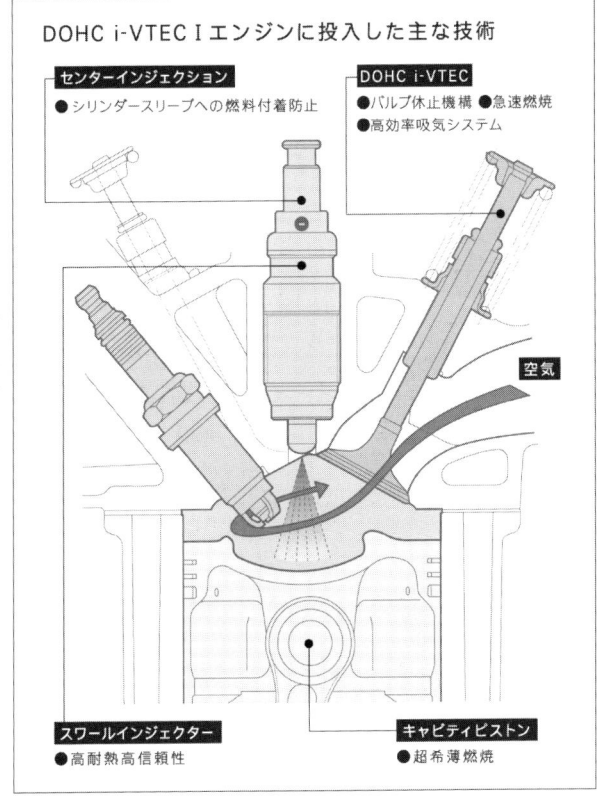

　2005年、トヨタはD-4をさらに発展させ「D-4S」を開発、レクサスGSとISの3.5L・V6に搭載した。この直噴は、筒内噴射用とインテークポート噴射用の2つのインジェクターを気筒ごとに持った独特の機構である。

　2006年にはマツダが「MZR2.3 L DISI TURBOエンジン」をMPVに搭載し、直噴に積極的に取り組んでいることを示した。

　ヨーロッパではVW・アウディグループが早くから直噴に取り組み、2000年に「FSI」エンジンとしてVWルポに初めて直噴エンジンを搭載した。VWではその後も直噴化を進め、後述するように2005年には過給器と組み合わせた新概念の「TSI」を出す。アウディはNAの直噴エンジンを「FSI」、ターボチャージャーと

69

マツダ初の直噴ターボエンジン（2006年）
マツダはスカイアクティブを発表するより前、2006年にストイキ燃焼の2.3L直噴ターボをMPVに搭載した。

TFSIと呼ぶアウディの直噴ターボエンジン
VWグループのアウディはNAの直噴をFSI、ターボ付き直噴をTFSIと呼ぶ。これは5気筒2.5Lの直噴ターボエンジンだが、アウディはすべてのエンジンを直噴としている。

の組み合わせの直噴エンジンを「TFSI」と呼称しているが、現在ではすべてのエンジンを直噴エンジンとして展開している。

　メルセデスは直噴を「CGI」という名称としている。2006年に「350CGI」という3.5L・V6の直噴エンジンをCSLに搭載したのを皮切りに、他のクラスにも続々と導入していく状況にある。BMWも当然ながら直噴に取り組み、まずはターボチャージャーとの組み合わせで高出力ながら低燃費を狙った直噴エンジンを3シリーズクーペに搭載した。さらに、直列6気筒のNAエンジンにも広げてきている。

　また、BMWはフランスのプジョー・シトロエングループ（PSA）と共同開発した1.6Lの直噴ターボエンジンは、BMWミニとプジョー207の双方に搭載した。もちろんアメリカのGM、フォードとも直噴エンジンを投入してきている。

　まだ製品化されたものは出ていなくても、現在はすべてのメーカーが直噴エンジンの開発を手掛けているといってよい。なお、ヨーロッパではディーゼル用を含めて燃料噴射システムのメーカーとしてはドイツの「ボッシュ」が有名で、VW、アウディ、メルセデス、BMWなどのメーカーはいずれもボッシュとの共同開発により直噴エンジンを完成させている。日本では「デンソー」がやはり燃料噴射ではトップメーカーになっており、自動車メーカーと直噴エンジンを共同開発している。

直噴の技術動向

　前述のように、直噴の技術動向は歴史的に変化している。当初の成層燃焼を重視した直噴から現在は均質燃焼を重視した直噴になってきている。すなわち希薄燃焼からストイキ燃焼を狙った直噴への変化である。さらに一層の燃費向上のためにストイキを基本としながらも運転状況により希薄燃焼を狙うという、初期の方向性を探るような方向も見える。

　特に注目されるのは「スプレーガイド方式成層燃焼システム」である。これはウォールガイド方式といわれる第1世代の直噴エンジンのように、ピストン頂部

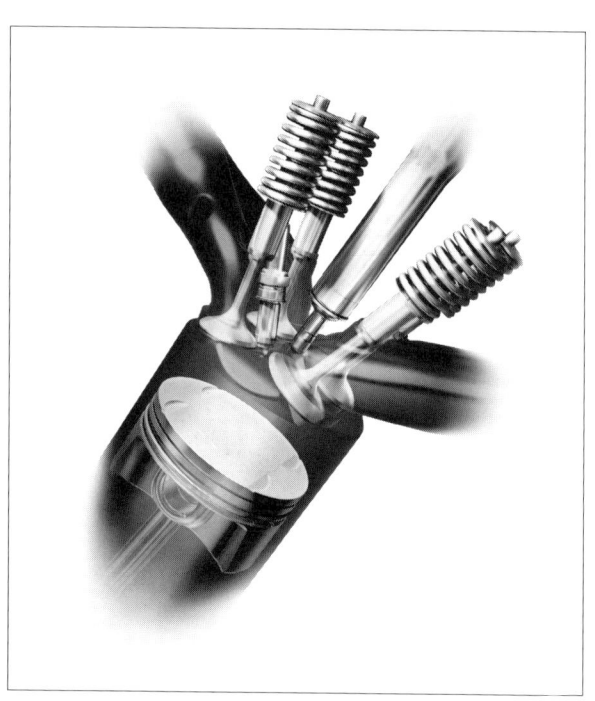

ベンツが初めて打ち出した スプレーガイド式直噴の概念図
インジェクターは燃焼室の真上から差し込まれ、傾いて点火プラグが差し込まれている。

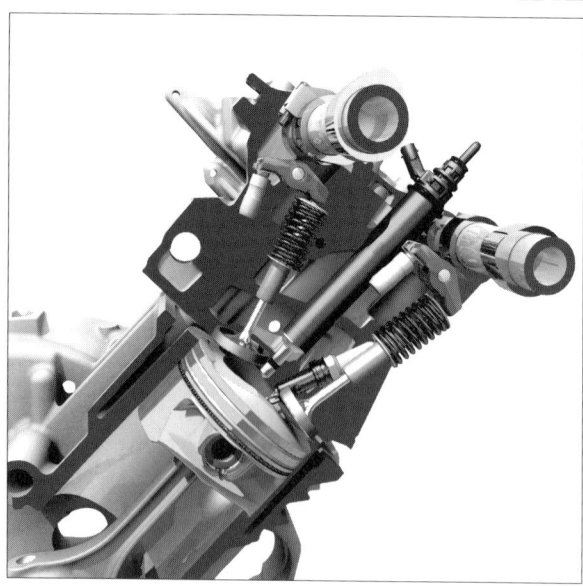

ベンツのスプレーガイド式直噴の構造図
真上からの特殊な噴射で成層状態の混合ガスを作り出す。ピストンヘッドはフラットではなくゆるいキャビティがある。

第4章 直噴

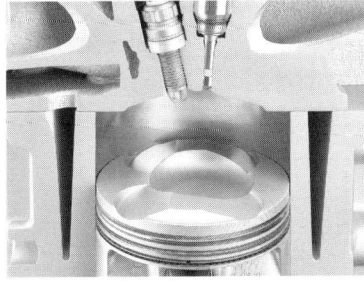

BMWのスプレーガイド式直噴のカットモデル
上）浅いキャビティとバルブリセス（逃げ）を設けたピストン頂部形状がよく分かる。右）インジェクターと点火プラグが燃焼室上部からピストン中心に向かって差し込まれている。

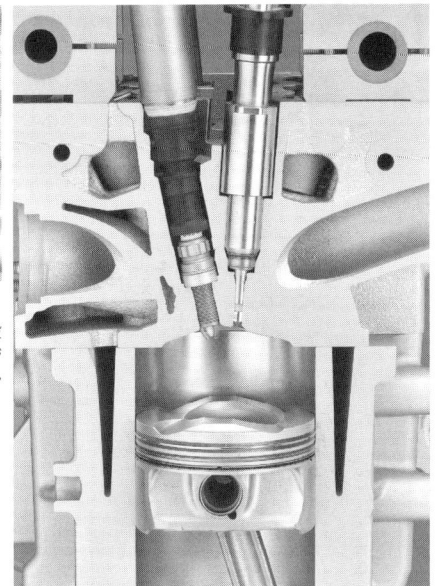

これもBMWのスプレーガイド式直噴
これはキャビティがごく浅くフラットに近いピストンを使用している。

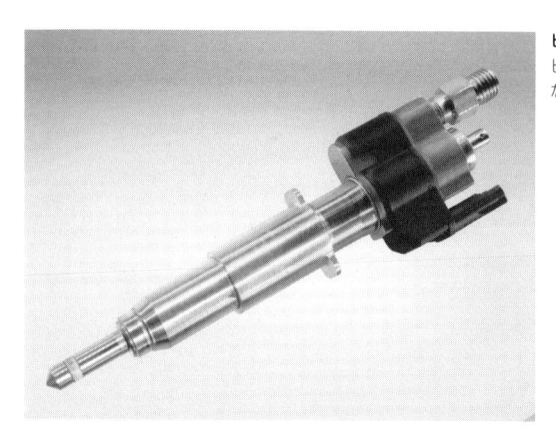

ピエゾ式のインジェクション
ピエゾ式インジェクターはより細かな噴射制御を可能にする。

に設けた大きな窪みにスワールやタンブルを導きそこに噴射することにより成層燃焼させるのではなく、主にインジェクターの工夫により成層燃焼を作り出すものだ。そのためインジェクターは点火プラグのすぐ脇に配置し、燃焼室上部から下に向かって円錐状に噴射する。噴射圧は20 MPaといったガソリン噴射としては高圧で、非常に応答性が速く細かな制御が可能なピエゾ式を採用している。

　これにより成層燃焼から均質燃焼までを自在に作り出し、回転数や負荷に応じて燃焼をコントロールする。このようなスプレーガイド式直噴システムは第2世代の直噴エンジンとされ、メルセデスベンツC350CGIや、BMWでは530iが搭載する3 L直列6気筒エンジンなどから採用され始めたものだ。

　燃料噴射の圧力は以前より高めになってきているが、ディーゼルエンジンの噴射圧力と比べたら一ケタほども低い。最近のディーゼルエンジンでは200 MPa

スプレーガイド式直噴の噴射と点火の概念図

BMWのスプレーガイド式のリーンバーン直6エンジン
第2世代の直噴でキャビティは浅い。

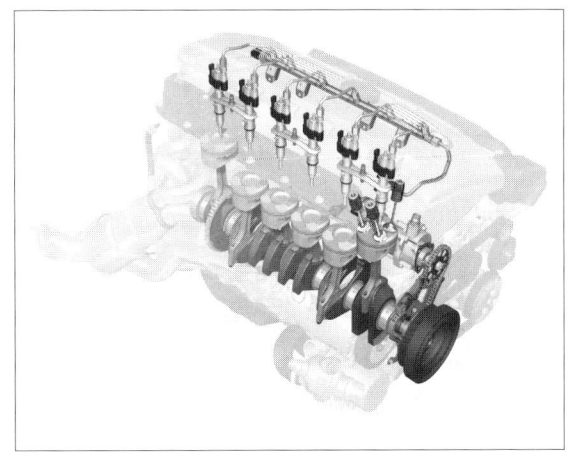

（2000気圧）前後の噴射圧力を持つが、ガソリンエンジンの場合は圧縮比の違いや燃料の違いなどからせいぜい20 MPa（200気圧）程度である。今後25〜30 MPa程度まで上がる可能性はある。

日本メーカーの直噴エンジン

■三菱の直噴「GDI」

　1996年に三菱自動車が「GDI」という直噴エンジンを世界で初めて量産車に搭載したことは前述した。低中速で空燃比40前後の超希薄の燃焼を狙った直噴エンジンで、その先進性は評価されたものの、結果的には失敗に終わった。超希薄燃焼のためには「成層燃焼」という燃焼形態が必要になる。そのためには点火プラグ近くには比較的濃い混合気を集めて着火し、その火炎の勢いで薄い混合気の燃焼を行なう。そのためにピストン頂部はフラットではなく窪み（キャビティ）を設けていた。いわゆるウォールガイド式による方法であった。高負荷高回転では均質燃焼に切り替わる。しかし、スロットルが小開度の低負荷、低中速運転ではよいものの、独特のピストン形状は高負荷高回転時の燃焼には向いてなく、実用燃費は思ったほど伸びなかった。また、燃料が薄いということは空気が過剰であり、三元触媒では処理し切れないほどNOxの発生が多く、さらにPMの発生も

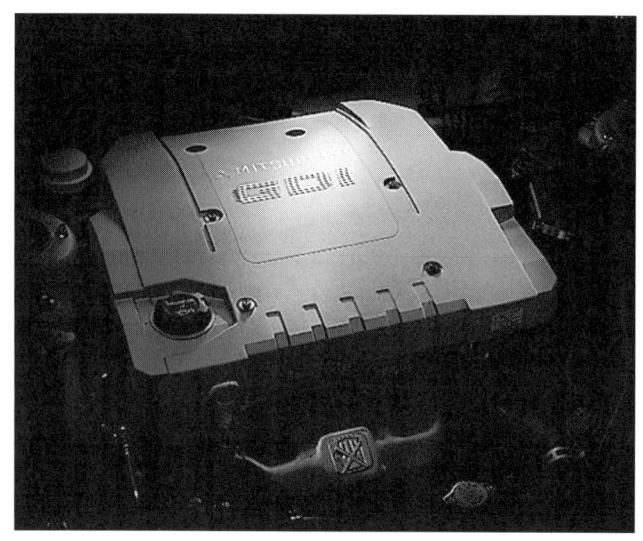

電子制御直噴の先陣を切った三菱のGDIエンジン
最初に2.0Lで発表されたGDIエンジンはその後何種類か作られる。写真は2.4LのGDI。

多く燃焼室にカーボンが溜まりやすいという問題も抱えていた。そのため、いっそう厳しくなる排ガス規制に対応するのも難しいことから、やがて消えていってしまった。

　最も早く直噴エンジンの量産に取り組んだ三菱だったが、2012年現在では直噴エンジンを持っていない。

■トヨタの直噴「D-4/D-4S」

　トヨタは三菱のGDIに続いて1996年に「D-4」エンジンを発表した。これは広域での成層燃焼を狙った直噴エンジンであったが、その後コンセプトを変え同じD-4ながらストイキ燃焼とした。いわゆるストイキD-4である。それは成層燃焼では薄い混合気で酸素が多い分、排ガスにNOxが多く出て、その処理が三元触媒ではできず、別途NOx吸蔵還元触媒を設けなければならなくなったからである。

　その後2005年にトヨタは「D-4S」という新しい直噴を開発し、3.5L、V6エンジンに採用した。これは各気筒にインジェクターを持つとともに、各ポートにもインジェクターを持つ、ダブルインジェクターの直噴で、世界でも唯一の独特の

第4章 直噴

トヨタの当初の直噴エンジンD-4
三菱のGDIと同時期に登場したが、希薄燃焼からストイキへとコンセプトを変えた。

トヨタのD-4S直噴
68頁の写真と同様だが、これでは左バンクがカットされており、真上から差し込んでいる点火プラグに対し、かなり寝かせてピストン頂部に噴射するインジェクションノズルが見える。それとポートに斜めに差し込まれたインジェクションも備えるのがD-4Sの特徴。

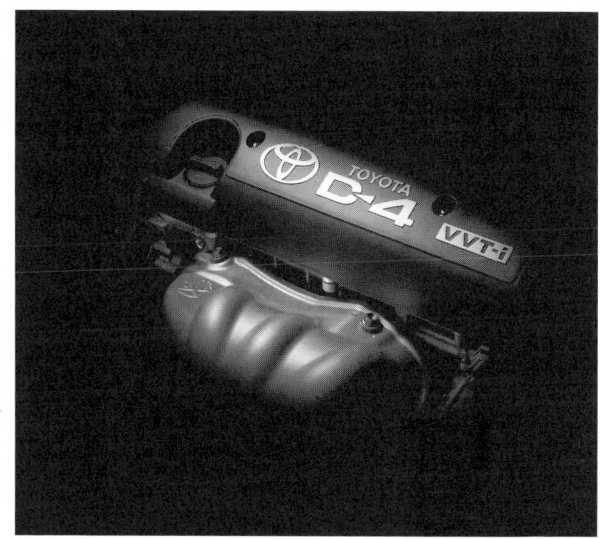

方式である。高回転では筒内インジェクターを使い、低回転・低中負荷ではポートインジェクターも使って燃料噴射をコントロールする。

気筒当たり2つのインジェクターを持つことでは、当然コストは高くなるが、今のトヨタはこれがベストの選択として、最新のスポーツ車である「86」でも採用している。水平対向エンジンそのものは富士重工業の開発だが、燃料噴射システムはトヨタのD-4Sを採用している。

■日産の直噴「NEO Di」

　日産は1997年に初めて直噴エンジンVQ30DDを「レパード」に搭載して発売した。このエンジンは低負荷時にはスワールを作ることで成層燃焼とし40：1の超希薄燃焼を達成、高負荷時にはタンブルを形成してストイキ燃焼させるものだった。ここで日産は直噴エンジンを「NEO Di」と呼称するとしたが、その後変更、現在は「DIG＝Direct Injection Gasoline」としている。

　日産が直噴に復帰したのは2010年で、1.6 Lの直噴ターボ「MR16DDT」を開発、SUVの「ジューク」に搭載した。始動直後には点火プラグ周りに濃い混合気を形成して成層燃焼させ、排気温度を上昇させることで触媒の早期活性化を図る。そして暖気後は均質な混合気を形成してストイキ燃焼としている。ターボチャージャーとの組み合わせということで、ダウンサイジングのコンセプトに適った直噴である。

　また同年、日産は3気筒1.2 L直噴スーパーチャージャーエンジン「HR12DDR」を発表、2011年にヨーロッパ向けの「マイクラ（日本名マーチ）」に搭載した。このエンジンはマーチに搭載されている「HR12DE」をベースにミラーサイクル化し、ガソリン直噴＋スーパーチャージャーを採用したもの。ミラーサイクルなので実圧縮行程より膨張行程が大きいので熱効率が高く、ポンピングロスも少ない。またミラーサイクルなので圧縮比は13.0と高いが、直噴による気化潜熱での冷却、ピストンクーリングチャンネルやナトリウム封入バルブの採用等で燃焼室の熱を逃がし、異常燃焼を抑制している。スーパーチャージャーは低燃費と高い動力性能を両立するために、オンオフスイッチを備え低速運転領域では過給をカットする。

　日産も小型車は直噴＋過給のダウンサイジングコンセプトを採用、大型は1モ

第4章　直噴

日産の3気筒1.2L直噴スーパーチャージャーエンジン「HR12DDR」
上）強タンブルポートを採用し、6つの噴射口を持つマルチホールインジェクターで15MPaの高圧噴射を行なう。下）ミラーサイクル化するとともにナトリウム封入バルブなどの採用でノッキングを抑制し、圧縮比を13まで高め、高効率なダウンサイズエンジンとしている。

ータ-2クラッチのハイブリッドで行くように見える。

■スズキの直噴

　スズキは2002年7月に直噴ターボを実用化したと発表、翌2003年9月に発売した新型ワゴンRの最上級グレードにこの直噴ターボを搭載した。これは軽4輪車用として初めての直噴ターボエンジンで19.0 km/Lの低燃費（2WD・4AT車）を達成した。考えてみればVWのTSIより早い時期に「直噴＋過給」を実現していたことになる。

　2007年10月にはこれをさらに改良した直噴インタークーラーターボを、新たに設定したセルボの上級グレード「セルボSR」に搭載した。ワゴンRは2008年9月のモデルチェンジ時に直噴ターボの設定がなくなり、セルボSRのほうは継続されたが、その後セルボ自体が生産を終えた。セルボSRはトランスミッションがCVTであるが、これも直噴ターボエンジンとCVTの組み合わせという意味では日本初で、低燃費を実現していた。

　この直噴エンジンの燃焼室はシリンダーヘッド側の窪みとピストン上部の窪みにより形成されるが、その窪みはボアより小さい。そしてシリンダーヘッド側とピストン側の上下合わせ目に隙間があるが、これが球形の燃焼室の周りにあるので土星の輪のような感じになる。点火プラグは真上から、インジェクターは斜めから燃焼室中央に向けて差し込まれている。燃料の噴射は吸気行程である程度行なわれ、混合を進める。そして圧縮行程で噴射した燃料は中央の球形の燃焼室に集中するので濃い混合気を形成し、着火しやすい状態にある。ノッキング（異常着火）は通常燃焼室の端のほうで起きやすいが、この土星の輪の部分の空燃比は薄いので、それが起きにくい。点火プラグの周辺は空燃比が濃く外周部では薄いので、平均すると理論空燃比に近いストイキ燃焼といえるものであった。

　なお、この直噴ターボエンジンの開発に当たっては、提携先であるGMが開発した「流体数値解析シミュレーションソフト」を活用して、スズキ社内で燃焼室内のガソリンと空気の流動を解析し、燃料噴射の角度や速度、ピストンや燃焼室の形状を決定。その結果弱成層混合気分布を形成させるのに成功したという。この混合気の弱成層化により燃焼の安定性を向上させ、未燃焼ガスを減らし、EGRガスの導入も行なって未燃焼ガスの減少と燃費の向上を達成している。

積極的に直噴に取り組んだスズキだが、2012年現在市販車としては日産セレナ(MR20型直噴エンジン搭載)のOEM版である「ランディ」を持っているだけになっている。ただ、2011年東京モーターショーに800 ccの直噴＋ターボエンジンを搭載したコンセプトモデルを出展しており、再び自社開発の直噴エンジンを出すものと思われる。

■ホンダの直噴 (i-VTEC I)

ホンダは2003年に2.0 Lのi-VTECエンジンに独自のセンターインジェクションシステムを融合させたホンダ初のガソリン直噴エンジンを開発、クリーンスポーツエンジンとしてストリームの新モデル「アブソルート」に搭載した。エンジン名としては「2.0 L DOHC i-VTEC I」と最後にインジェクションを表わす大文字の「I」が付く。

このエンジンの特徴はインジェクションと点火プラグの配置にある。通常の直噴エンジンはインジェクターが斜め上方に配置され、点火プラグがシリンダー中央真上にある場合がほとんどだが、このエンジンでは真上にインジェクター、斜め上方に点火プラグが配置されている。すなわち、燃料はピストンに向かって垂直に噴射されるので、シリンダー側壁への燃料付着を防ぐとともに、ピストンの位置に関わらず常にピストン上面のキャビティ(窪み)に向かって燃料を噴射できるため、噴射タイミングの設定の自由度が高く最適化ができる。インジェクションの真下にキャビティを設定することで、ここに高濃度の混合気を作り出すことが可能になるわけだ。

さらに、i-VTECならではの吸気の1バルブ休止による強スワールの効果と相まって、様々な運転状況でもシリンダー内に理想的な混合気を作り出し、その結果それまでのリーンバーンエンジンの空燃比40：1を大きく上回る65：1(EGRを含む)の超希薄燃焼を実現している。このようなリーンバーンエンジンながら燃費は15 km/L、「超─低排出ガス」認定を取得していた。

2006年にストリームはフルモデルチェンジするが、アブソルートの設定がなくなるとともに直噴エンジンの設定もなくなった。しかし、2011年11月に発表

**ホンダの初期の直噴
「i-VTEC I」**
上）ストリームアブソルートに搭載されたこの直噴エンジンは真上からピストンのキャビティに向けて噴射する。下）i-VTECのバルブコントロールと相まって超希薄燃焼を可能とした。

したホンダの次世代革新技術「アース・ドリームス・テクノロジー」では、軽自動車用エンジンを除いて、1.3 L～3.5 Lのエンジンはすべて直噴とする方針が打ち出されている。

■マツダの直噴（DISI、SKYACTIV）

　マツダでは自社の直噴エンジンをDISI（Direct Injection Spark Ignition）：ディジーと呼んでいる。これはストイキ燃焼を採用した直噴エンジンで、2006年2月に発売されたミニバン、MPVに搭載された「MZR2.3 L DISI TURBOエンジン」がマツダの直噴エンジンとしては最初になる。これは2.3 Lのターボエンジンであったが、2007年1月にはNA（自然吸気）の直噴「MZR2.0 L DISIエンジン」をマイナーチェンジしたプレマシーに搭載した。

　しかし、マツダはその後2011年に「SKYACTIV＝スカイアクティブ」技術を発表し、ガソリンエンジンの直噴は「SKYACTIV-G」として独特の技術を確立している。これについては次項で紹介する。

マツダのNA直噴のDISIエンジン
プレマシーに搭載された2.0 L自然吸気の直噴エンジン。

■富士重工業の直噴

　富士重工業（スバル）の直噴への取り組みは早くなかったが、トヨタと共同開発した「BRZ」で初めて直噴エンジン「FA20」を出した。これは水平対向エンジンはスバルの技術ながら、直噴技術はトヨタの「D-4S」を使ったものだった。しかし、2012年5月にスバルはレガシィをマイナーチェンジするとともに、自社開発の2L、直噴ターボエンジン搭載車を設定した。

　この「FA20 DIT」エンジンは、ベースはBRZと同じ「FA20」なのでボアストローク等は同じである。ただし、直噴は「D-4S」でなく、すべて独自に開発したものである。この直噴も、始動時と暖気後で燃焼を使い分けている。始動時は点火プラグ近傍に燃料を集め成層燃焼させる。これにより遅延燃焼限界が広がり、排気温度が上昇、触媒早期活性化とHC低減を図っている。暖気後は吸入行程での2段噴射などで混合気の均質化を図り、均質燃焼としている。

　ターボチャージャーは低回転域の応答性を考慮して新設計したツインスクロール式を装備している。

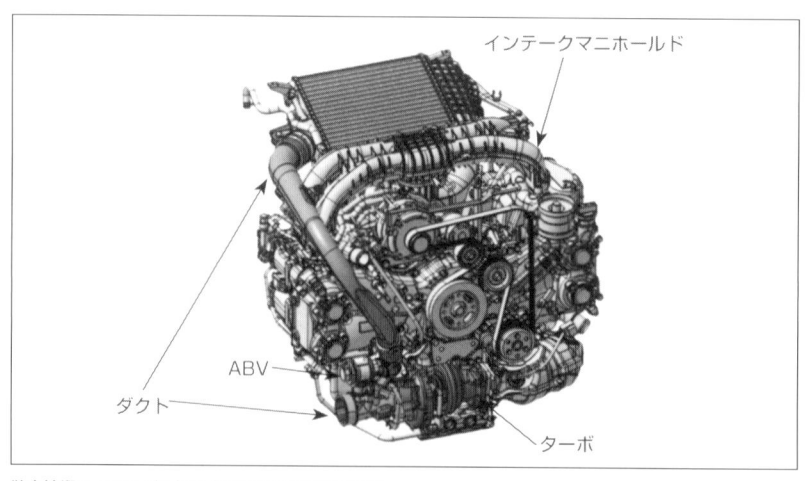

独自技術によるスバル初の直噴エンジンFA20DIT
スバルはBRZ/86用に水平対向直噴エンジンを作ったが、それはトヨタのD-4Sを採用したものだった。これはFA20を独自の技術で直噴化したエンジン。

第4章　直噴

スバルのFA20DIT直噴エンジンの構造図
上）マルチホールのインジェクターはピストンヘッドに浅い角度で噴射する。下）インテークにはタンブルを生成するTGVバルブを設けている。ピストン頂部は浅いキャビティを持つ。

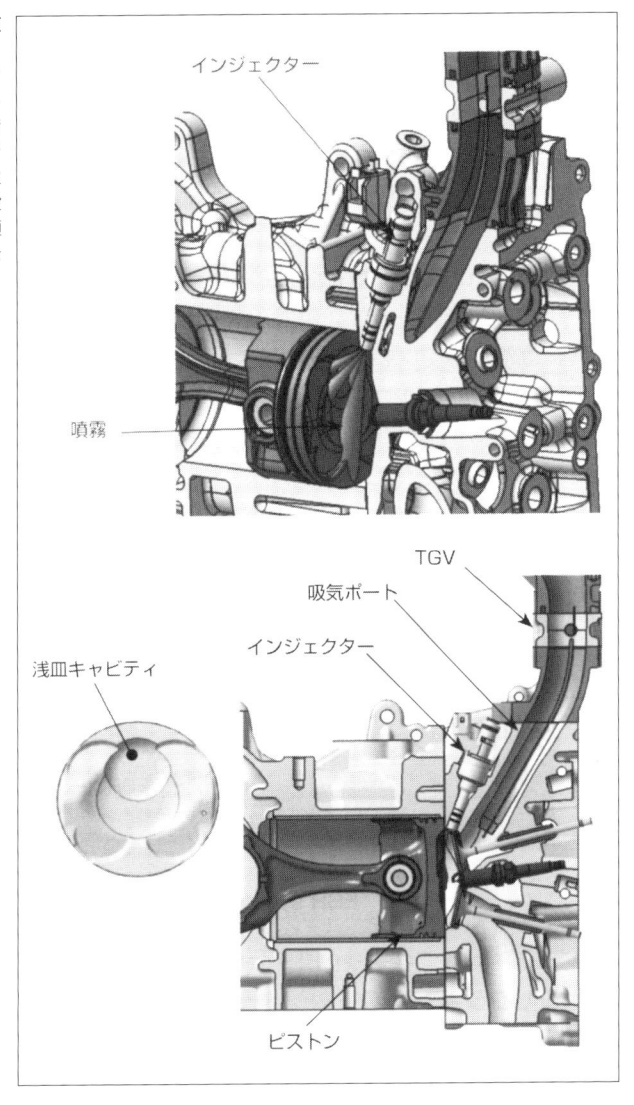

インジェクター

噴霧

TGV
吸気ポート
インジェクター
浅皿キャビティ

ピストン

■ダイハツの直噴

　ダイハツは2002年に軽自動車初となる直噴エンジン「EF-VD型」3気筒DOHCをミラに搭載したことがある。これは当初から均質燃焼を狙った直噴で、吸気に

タンブルを使ったり、可変バルブタイミングにより内部EGRを使ったりして効率を高めていた。エンジンはアイドルストップ機構をも備えており、30.5 km/Lの燃費性能を発揮した。ただし、設定は5速MTだけであった。

その後2009年、2011年と連続して東京モーターショーに2気筒直噴ターボエンジン搭載のコンセプトカーを出展しており、直噴ターボの開発が続けられていることが分かるが、まだ市場には出ていない。

スカイアクティブ

マツダは次世代技術としてスカイアクティブテクノロジーの開発に注力してきたが、2011年6月にその第1弾として「SKYACTIV-G」エンジンをデミオに搭載して登場させた。スカイアクティブテクノロジーは、走行性能や燃費性能を飛躍的に向上させる技術の総称で、エンジン、トランスミッション、シャシー、ボディなどに及んでいる。そのうち、ガソリンエンジンに関する技術が投入されたエンジンが「SKYACTIV-G」で、ディーゼルエンジンの場合は「SKYACTIV-D」と

スカイアクティブ技術を投入したガソリンエンジン「SKYACTIV-G」
マツダ独自のスカイアクティブ技術は多岐にわたる技術だが、ガソリンエンジンに関しては直噴技術をベースに高効率のエンジンとしたもの。

SKYACTIV-G 1.3の技術ポジショニング
従来のデミオ用1.3LエンジンよりもSKYACTIV-G 1.3は燃費・トルクともに大幅向上したが、次期SKYACTIV-Gはさらなる向上が見込まれている。

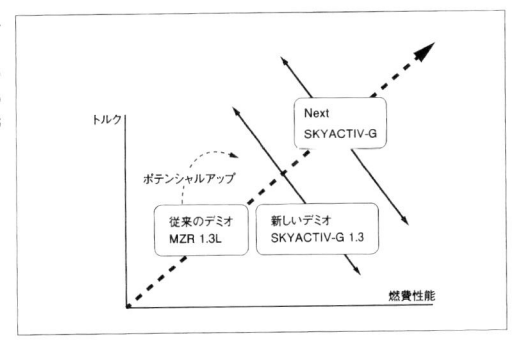

なっている。

デミオに搭載されてデビューした1300 ccの「SKYACTIV-G 1.3」エンジンは、ハイブリッドシステムなどを使わずに10・15モードで30.0 km/L、JC08モードで25.0 km/Lのクラストップの低燃費を達成している。SKYACTIV-Gは今後さらに技術的発展が図られるが、この時点でのエンジンの技術的特徴を見ていこう。

■SKYACTIV-G 1.3の特徴

まずこのエンジンで驚異的なものは14.0という世界一高い圧縮比の実現である。圧縮比は理論的には高いほど熱効率が上がり出力や燃費の向上をもたらすが、実際には高圧縮比にするとノッキングが起きてしまいむやみに高めることはできない。通常のエンジンでは圧縮比はせいぜい11.0程度で、ミラーサイクルエンジンでも12.5辺りにある。13台の圧縮比というのも量産エンジンでは聞かない数字である。14.0がいかに高圧縮比であるかは理解できるだろう。

★ノッキング抑制技術

この高圧縮比を達成するために投入された技術はまさにノッキングを抑制する技術で、次のようなものが挙げられる。

・キャビティ付きピストン

圧縮比を高めるとピストン頂部と点火プラグの隙間が狭くなり、点火した際に火炎がピストンに触れてしまい燃焼が均一に広がらない。適切な燃焼が行なわれないため出力をロスするとともに冷却損失も増大する。そこで、ピストン頂

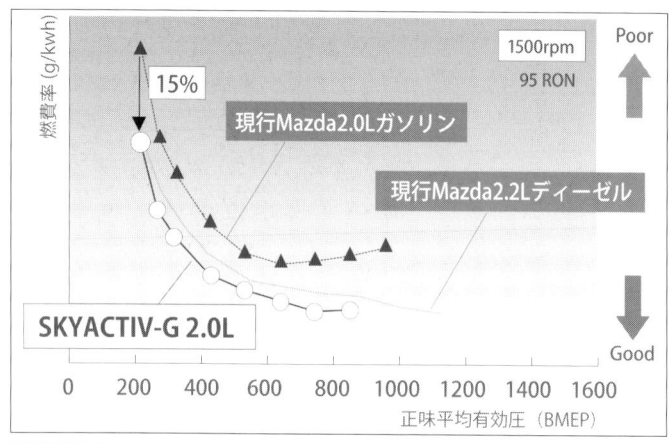

スカイアクティブ技術による低燃費化

2.0Lのスカイアクティブエンジンとそれまでのエンジンの燃費率比較。平均有効圧が低くても（低トルク）高くても（高トルク）常によい燃費率を示している。

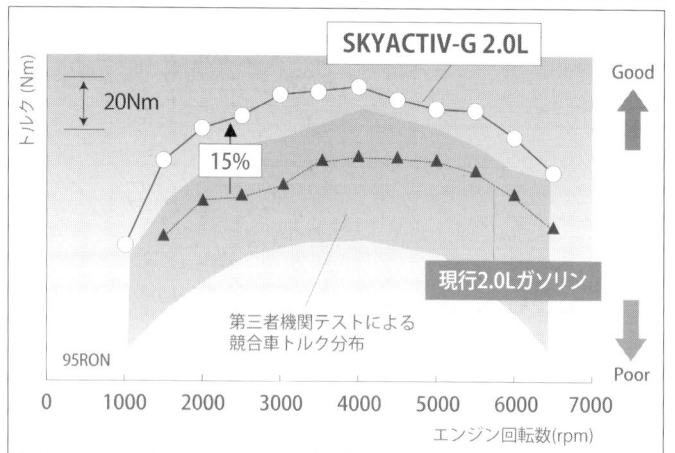

スカイアクティブ技術による高トルク化

スカイアクティブエンジンは従来エンジンと比べすべての回転域で15％前後のトルクアップを得た。

部にキャビティ（くぼみ）を設け、点火プラグとピストン頂部との適切な隙間を確保し、燃焼エネルギーを効率的に出力へ変換している。

・マルチホールインジェクター

噴射口を6つ備えたインジェクターは噴射燃料の微粒化に有効で、気化を促進させ均質な混合気を作る。また、吸気行程で2段階噴射を行なうことで混合気のミキシングを促進するとともに、気化潜熱により燃焼室温度を低下させ、ノッキングを抑制する。

第4章　直噴

SKYACTIV-Gエンジンのピストン
中央に小さいが深いキャビティを持つ。このキャビティはウォールガイデッドの役割でなく、点火プラグの逃げの意味が大きい。

・クールドEGR

　排出ガスの一部を吸気系に戻す際に、冷却器を通して温度を下げてから戻すいわゆるクールドEGRとしている。これもノッキングの抑制になっている。

★高効率化のためのその他の技術

　デミオが搭載した「SKYACTIV-G 1.3」は14.0という高圧縮比を実現したが、SKYACTIV-Gすべてが14.0の高圧縮比であるわけではない。ちなみに2011年9月の発表したアクセラに搭載した「SKYACTIV-G 2.0」の圧縮比は12.0である。14.0という圧縮比がSKYACTIV-Gにとって、常に必要な圧縮比というわけではない。

　「SKYACTIV-G 1.3」は燃焼以外でもいろいろな技術が投入されている。

・エンジン構造

　エンジンブロックはアルミ合金製でヘッドカバーは樹脂性である。

・ロングストローク化

　ボア×ストロークは71×82 mmで、ボアを小さくしている。これにより火炎伝播距離が短くなり、燃焼時間が短縮することでノッキング防止に貢献している。ピストン径の小径化は火炎の触れる燃焼室の表面積が減り、熱損失を低減

89

SKYACTIV-Gの透視写真

している。
・デュアルS-VT（シーケンシャル・バルブタイミング＝可変バルブタイミング機構）
吸気側のみというエンジンも多い中、排気側にもS-VTを装備している。また、吸気側は応答性のよい電動S-VTとしている。吸気側はミラーサイクルエンジンよりも位相量の大きな下死点後110-36°に設定、吸気バルブの大幅な遅閉じに加えて、排気S-VTにより排気バルブの閉じ時期を遅らせ内部EGR量をコントロールし、低負荷時のポンピングロスを低減している。さらに、電動S-VTは高負荷時に吸気バルブが開くタイミングを瞬時に最進角とし、吸入空気量を増やしてトルクを高めている。
・軽量化と機械抵抗の低減
燃焼圧力を直接受けないピストンの裏側部分を除肉、コンロッドの形状を最適化し、ピストンと合わせて1気筒当たり99 g軽量化。形状の工夫で従来と同等の剛性を確保しながらクランクシャフトを細軸化し715 g軽量化。

第4章 直噴

　機械抵抗の低減では、カムシャフトとバルブの接触部分にはカムフォロワーを採用。バルブスプリング荷重の低減。カムジャーナルの鏡面仕上げ。またエンジンオイル循環系を見直し、オイル通路を短くして抵抗を約30％低減させるとともに、各デバイスの油圧を調整しオイルポンプのサイズを10％縮小。さらに、オイルポンプの吐出圧の最適制御システムと、エンジンの運転状況に応じてオイルポンプの吐出圧を電子制御で2段階に切り替え可能なシステムを、日本で初採用。

　なお、SKYACTIV-G 1.3エンジンには当然ながらアイドリングストップ装置の「i-stop」が装備される。また、オルタネーターは専用鉛バッテリーとともに最適発電制御システムを装備し、減速時のエネルギー回収量を従来の約2倍に増やしている。

　デミオに続いてアクセラに搭載された「SKYACTIV-G 2.0」エンジンも、圧縮比が12.0であること以外は「1.3」と同様の技術が投入されている。

　なお、スカイアクティブの技術としてはエキゾーストパイプを現在の「4-1」を「4-2-1」とすることで、10 N・m以上の大幅なトルクアップが図れるとしている。しかしデミオ、アクセラとも既存のボディへのSKYACTIV-Gの搭載であったため採用できなかった。いずれ登場する新型車は「4-2-1」エキゾーストを前提としたボディ構造をもつはずである。

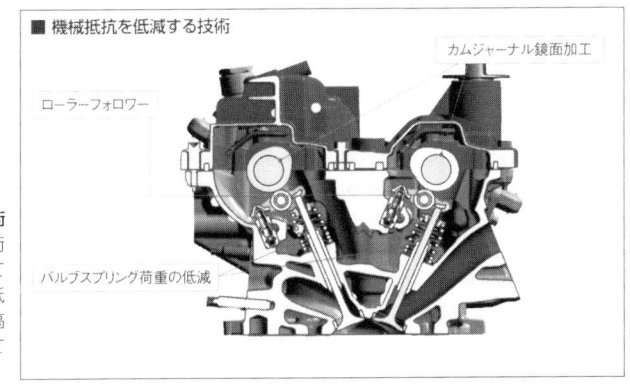

機械抵抗を低減する技術
SKYACTIV-Gの技術革新は多岐にわたっているが、機械抵抗を低減する技術の採用も高効率に大きく貢献している。

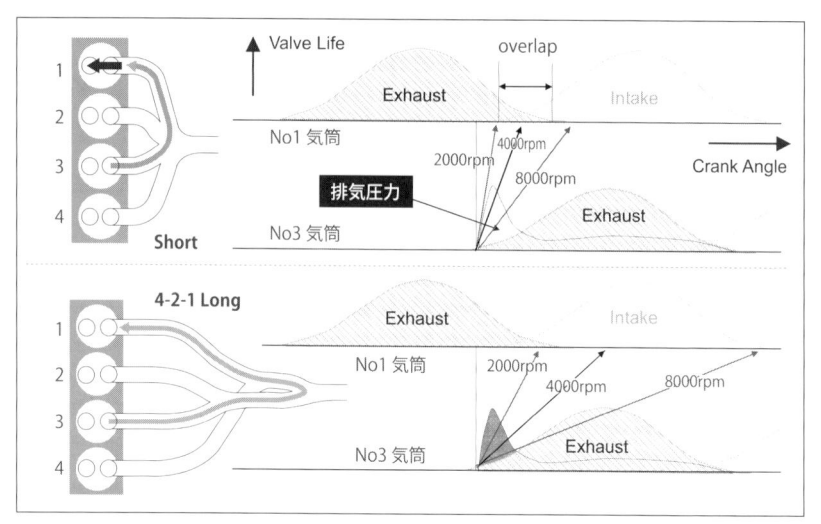

排気システムによる残留ガス低減
SKYACTIV-Gに4-2-1のロングエキゾーストマニホールドを配置すれば、残留ガスを低減できる。現行車両では無理だったが、それを前提とした新型車では効率はより向上する。

直噴と過給器の組み合わせ

　直噴と過給を組み合わせたエンジンは、これからのガソリンエンジンの進むべきひとつの方向であることがすでにはっきりしている。そのダウンサイジングコンセプトは次に紹介するようにフォルクスワーゲンが「TSI」として打ち出したものだが、すでにヨーロッパではダウンサイジングのコンセプトである「直噴＋過給」が小型車の標準的な方式となっており、さらにアメリカでも広がっている。先鞭をつけたVWは全ガソリンエンジンをこれによりダウンサイジング化する方向をとっている。日本ではハイブリッド化との兼ね合いがあり、その傾向はヨーロッパより強くないが、直噴＋過給が確実に増えているのも確かである。

　直噴エンジンは過給器との相性が非常によいといえる。通常のポート噴射エンジンと過給器の組み合わせより、直噴エンジンとの組み合わせのほうがメリットは大きい。過給器はターボチャージャーであれスーパーチャージャーであれ、エンジンは排気量の割に圧倒的なパワーを発揮するのが魅力だ。ただし、そのかわ

第4章 直噴

VWの1.4L、TSIツインチャージャーエンジン
VWが2005年にTSIとして発表した最初のエンジンはツインチャージャーであった。低速から高速まで優れたレスポンスを示すツインチャージャーだが、TSIそのものは「直噴＋過給」であり、その後はシングル過給の直噴ターボがTSIとして続々登場する。

りに燃費が良くないというのが一般的であった。その理由は過給エンジンではNAエンジンよりも圧縮比を下げなければならないことが大きい。前述のように圧縮比は熱効率と直結しており、圧縮比の低下はトルクの低下、ひいては燃費の悪化をもたらす。

　なぜ圧縮比を下げなくてはならないのかというと、自然吸気より過給で充填効率を上げており、圧縮圧としては上がるため、ポート噴射のような予混合のガスでは自己着火を起こしやすいからだ。

　直噴であれば、圧縮圧が高まって燃焼室の温度が高まっても、燃料を噴射することで気化潜熱による冷却効果があるので自己着火しにくい。空気だけの圧縮であれば自己着火は起きないし、プレ噴射である程度の噴射が行なわれていても自己着火はしにくい。したがって基本的に直噴のほうが圧縮比は高めに取れるのである。過給エンジンとするなら必ず直噴で、もはやポート噴射のターボエンジンなどは考えられないといえる。

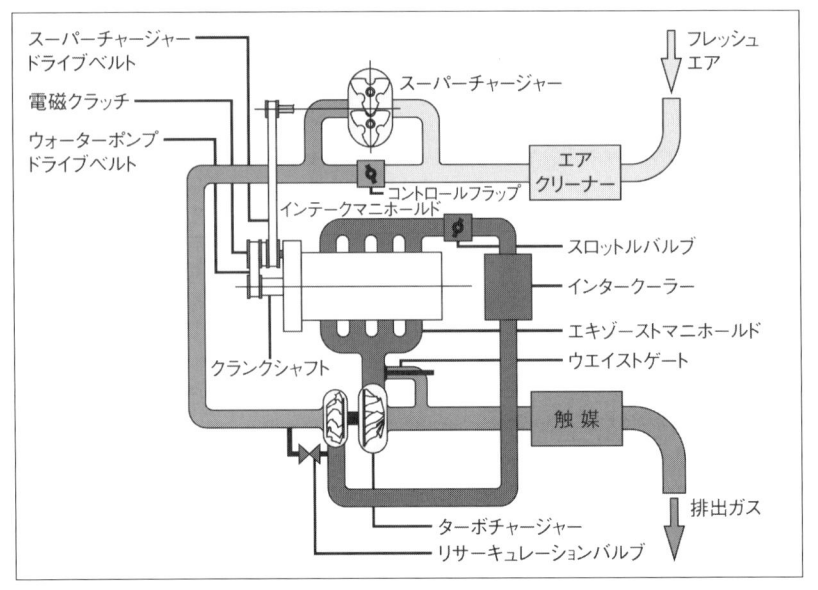

ツインチャージャーTSIの機構概念図
スーパーチャージャー（SC）とターボチャージャー（TC）は直列に配列され、エアクリーナーからの空気はまずSCを通ってTCに送られる。ただし、SCにはバイパス回路が設けられており、回転数や負荷状況によりSCをスルーする。

■TSIの考え方

　フォルクスワーゲンが「TSI」と名付けた過給＋直噴エンジンで新たな思想を打ち出したのは2005年。最初に発表したTSIエンジンは、ターボチャージャーとスーパーチャージャーの2つを装備した1.4 Lの直噴エンジンであった。当初TSIはツインチャージャーと直噴の組み合わせのエンジンに付けられた名称かと思われたが、特にツインチャージャーに限定したものではなく、直噴エンジンにターボチャージャーだけを組み合わせたエンジンに関してもTSIエンジンとしている。

　TSIエンジンの狙いはダウンサイジングさせながらパワーと燃費を両立させることにあった。最初の1.4 L TSIエンジンがツインチャージャーとしたのは、低速域ではレスポンスの早いスーパーチャージャーが過給を行ない、回転が上がるにつれ強力な過給効果のあるターボチャージャーに切り替え、低速から高速まで高いトルクを発揮させるためである。最大出力125 kW（170 PS）、最大トルク

2.0Lシングルターボ TSI の外観
ツインチャージャーは当然コストアップにもなるので、シングル TC の TSI がスタンダードといえる。

1.2Lシングルターボ TSI の外観
VW ポロ用の TSI エンジン。

240N・m は自然吸気エンジンでは2.4L に匹敵するが、エンジン重量はツインチャージャーシステムを含めても軽量化されている。ダウンサイジングの効果はそればかりでなく、全体がコンパクトであることから摩擦損失の低減も大きい。

このTSIのメリットは、大きなエンジンのメリットを小さなエンジンで実現することである。出力は大排気量エンジン、損失や重量は小排気量エンジンということで、高効率を達成できる。気筒休止という技術があるが、この場合は大きなエンジンを小さく使うが、TSIのような直噴+過給は小さなエンジンを大きく使う思想である。

■ツインチャージTSIの構造

スーパーチャージャーは3葉のルーツ型で、クランクシャフトに対して5倍の回転比で駆動される。アイドリングに近いごく低回転でも1.8気圧の過給圧を発生し、ターボチャージャーが威力を発揮できない領域をカバーする。スーパーチャージャーはターボチャージャーの上流で直列に接続されており、スーパーチャージャーで加圧された空気がターボチャージャーに送られる。したがってターボチャージャーはアシストされるので早い段階から良好なレスポンスを発揮するこ

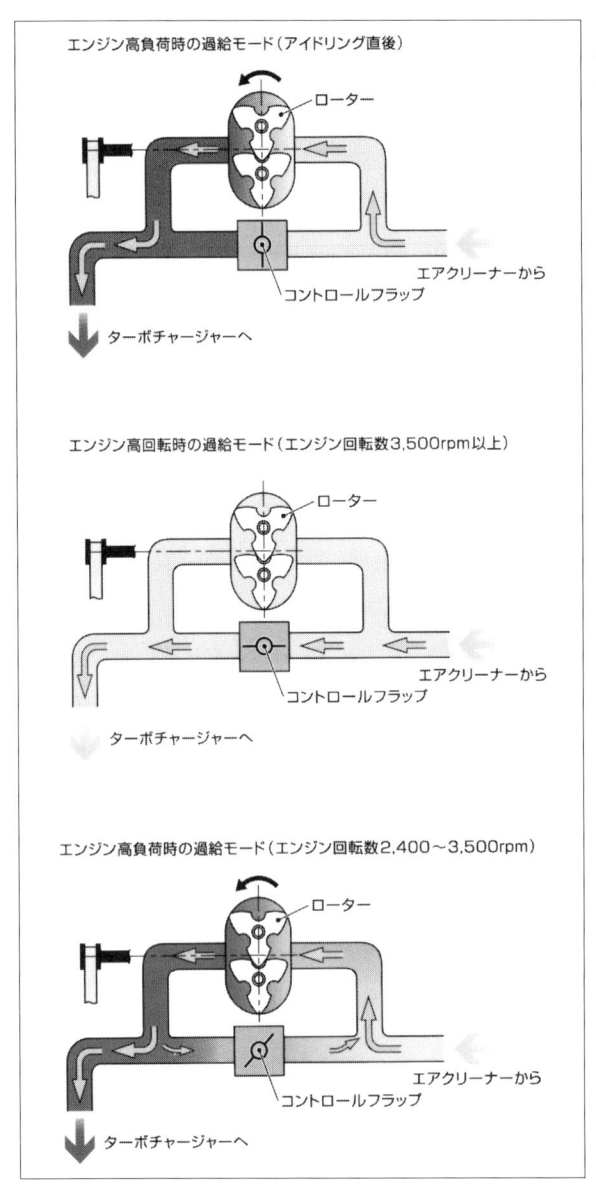

エンジン高負荷時の過給モード（アイドリング直後）

ローター

ターボチャージャーへ

エアクリーナーから

コントロールフラップ

エンジン高回転時の過給モード（エンジン回転数3,500rpm以上）

ローター

ターボチャージャーへ

エアクリーナーから

コントロールフラップ

エンジン高負荷時の過給モード（エンジン回転数2,400～3,500rpm）

ローター

ターボチャージャーへ

エアクリーナーから

コントロールフラップ

スーパーチャージャー（SC）の過給モード
上）発進加速のようにエンジン高負荷時にはバイパスのコントロールフラップ（弁）が閉じて、空気はSCを通ってTCに送られる。中）エンジンが3500 rpm以上の高回転時にはコントロールフラップが開いて、空気はSCを通らずバイパスを通ってTCに送られる。下）エンジン回転が2400～3500 rpmで高負荷時にはコントロールフラップを中開度とする。空気はSCを通ってTCに送られるが、TCでも加圧されているため一部はバイパスを逆流して再びSCに流れる。TCの過給をSCが補助するモード。

とができる。スーパーチャージャーは早めにバトンタッチができるので、稼動範囲を低回転のごく狭い範囲に限定できる。これによりスーパーチャージャーのデ

第4章 直噴

シングルチャージャーTSIの空気の流れ
エアクリーナーからの空気はターボで加圧されてインテークマニホールドに送られ、4気筒に分けてシリンダーに送る。

インジェクターの改良イメージ
TSIの直噴インジェクターは、同じ6ホールだが噴射の角度などに改良が加えられている。

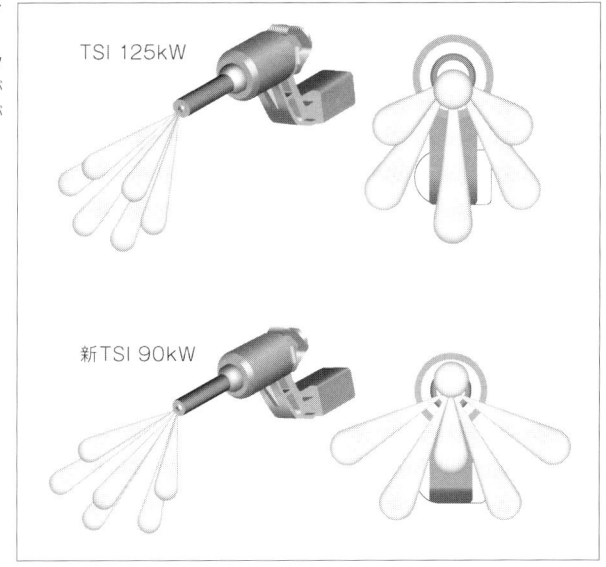

TSI 125kW

新TSI 90kW

メリットである高回転時のパワーロスが押さえられる。
　スーパーチャージャーにはバイパス経路がありそこにコントロールフラップと

呼ぶバルブが付いている。このフラップを開放すれば空気はスーパーチャージャーを通らず直接ターボチャージャーに向かう。このフラップの開閉によりうまくターボチャージャーの不得手とする領域をスーパーチャージャーがカバーする。

　なお、直噴のインジェクターは6つの噴射口を持つマルチホールインジェクターとし、最大噴射圧は150気圧と、従来のFSIエンジンよりも高めている。また、このTSIエンジンはベースエンジンに対してシリンダーブロックの強化、クランクシャフトの鍛造化、ピストンピン径の拡大を行なっている。また、ピストン自体についても、オイル噴射によるピストンのエキゾースト側を冷却するクーリングシステムを採用している。エキゾーストバルブについても熱伝導性のよいナトリウム封入式バルブを採用するとともに、バルブスプリング、バルブシートの強化も行なっている。なお、インテーク側には可変バルブタイミングコントロールシステムを搭載している。

第5章

過給

過給

　過給は航空機が高高度を飛ぶときに空気が希薄になって出力が落ちるところから、その対策として使われ始めたといわれているが、最初に使われたのは鉄道のディーゼルエンジンという記録もあるという。また、より大パワーを必要としたレーシングカーでも多く使われてきた。1980年代には日本でも普通の乗用車用としてターボエンジン車がもてはやされたが、当時のターボエンジンは燃費が悪く、石油価格の値上がりで燃費性能が求められる状況になって一気に下火になった。しかし、それまでポート噴射エンジンとの組み合わせであったものが、その後直噴エンジンの進化に伴って過給と結びつき、むしろ効率の良いエンジンとして過給は完全に見直されることになった。その先鞭をつけたのが前述の2005年にフォルクスワーゲンが投入したTSIエンジンである。

　過給のことを「スーパーチャージング」といい、本来「スーパーチャージャー」は過給器の総称であった。しかしながら、日本では機械駆動タイプをスーパーチ

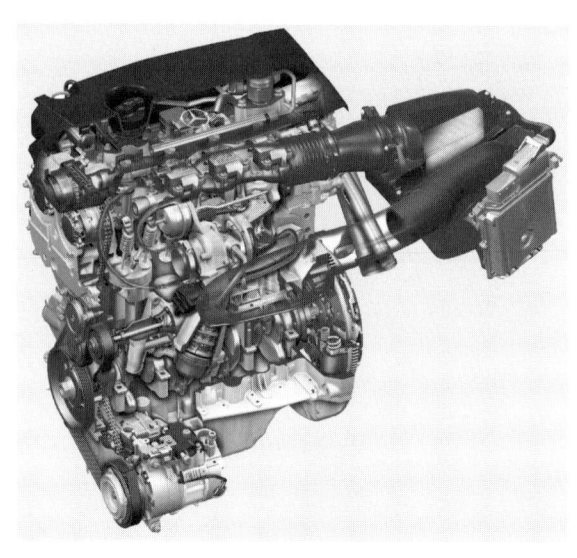

ターボチャージャー付きエンジン

これはベンツBクラスの1.6L直列4気筒直噴ターボエンジン。ターボを活かすのは直噴であり、現在のターボエンジンはすべて直噴であるといってよい。

ャージャー、排気駆動タイプをターボチャージャー、と呼ぶのが一般的になっている。

　出力はシリンダーに取り込む空気の量で決まると第1章で述べたが、手っ取り早く空気の量を増やせるのが過給である。しかし、過給でいちばん問題になるのが、タイムラグの問題である。特にターボチャージャーの場合、アクセルを踏んでも直ぐに過給圧が上がらず反応遅れが起こる。これをいかに小さくするかが最大の課題である。そのほかに、タービンは排気の熱により高温になること、さらに回転数が5万～15万回転と高回転になるので、その対策も重要である。

■ターボチャージャー

　ターボチャージャーはタービンを排気圧力で回転させることにより同軸上のコンプレッサーを回転させ、空気を1.5～2気圧に圧縮して送り出す仕組みになっている。なぜターボチャージャーで反応の遅れが出るかというと、回転体であるタービンブレード、シャフト、コンプレッサーブレードに慣性質量があるからである。これら回転体を慣性力に打ち勝って素早く回すには大きな力（トルク）が

TSIのターボチャージャーのカットモデル
4気筒の排気はマニホールドで集合されタービンに送られる。途中に必要以上の圧力を抜くウエストゲートバルブがある。吸気は軸方向から入り加圧されれて左上の円周方向に送られる。

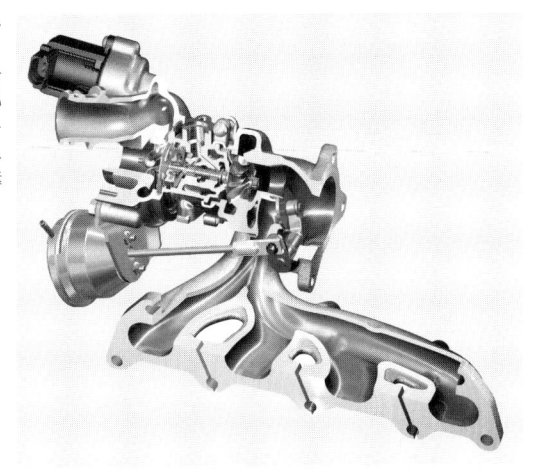

必要になる。回転数が低い領域では、アクセルを踏んでも一気に高い排気圧力は出ないし、出ても流体を使うためスリップが起きてタービンの回転数を一気に上げるのは難しい。これはターボ自体が大きくなればなるほど回転系の質量が大きくなるので、そのために回転数を上げるのに時間が掛かり、その分ターボラグが大きくなる。

　ポート噴射エンジンではターボチャージャーの装備により圧縮比を下げている。これは圧縮比が上がりすぎてノッキングが起きるのを防ぐためである。そのため、過給が効いていない状態ではNAのエンジンよりもトルクが小さく、低速域からの立ち上がりが遅くなる。そんな状況からアクセルをさらに強く踏み続けていると、タービンの有効な回転域に入るや一気にターボが効き出すことになる。いわゆる「ドッカンターボ」といわれるもので、程度の差はあれ、かつてはこういうターボエンジンがあった。現在は直噴との組み合わせが基本であるから圧縮比をあえて下げることはないし、ターボチャージャー自体も最大の課題のターボラグについて改良されているので、このような極端なエンジンはない。

★ターボの性格を決めるA/R比

　ターボチャージャーのハウジングはいわゆるかたつむりのような形をしているが、排ガスはこのスクロール（渦室＝排ガスの導入路）を通ってタービンのブレ

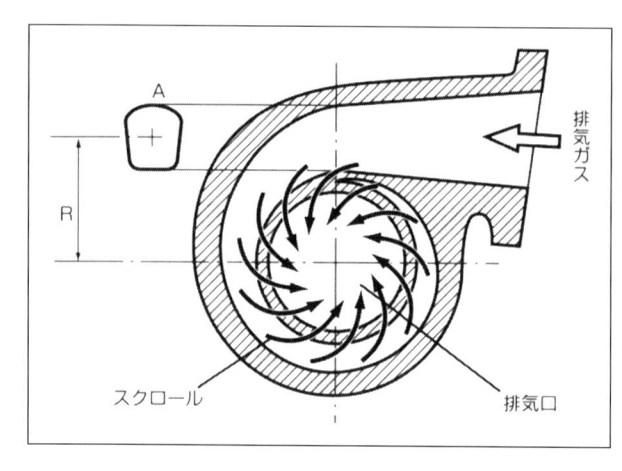

ターボの性格を表わす A/R比とは

タービンの吹き出し口Aとタービン中心から吹き出し口中心までの距離の比。すなわち面積Aを距離Rで割った値で、A/R比が大きいと高速型で、小さいと低速型。高速型では低回転ではタービンに力を与えにくいが、高速になったときに充分な対応ができる。低速型では低回転で速い流速をタービンに与えられるが、高速になると充分な対応ができなくなる。

ードに吹き出される。スクロールは次第に狭くなっていき、排ガスはタービンブレードに回転力を与えたあと、軸中心方向に抜けていく。ターボの大きさはタービンの大きさで決まってくるが、ターボの性格を決める尺度にA/R比がある。A/R比はタービン室への吹き出し口の口径面積をA、タービンの回転中心から吹き出し口の中心までの距離をRとしたとき、AをRで割った値である。A/R比が小さいということは、全体の寸法からして吹き出し口が狭いことであり、それは低速型であることを意味している。その理由は次のようなことだ。

　ターボチャージャーは高回転で回す必要があり、排ガスにも速い流速が必要になる。しかし低回転では排ガスの流速が小さくタービンに有効な回転力をつけにくい。そこで、低回転域では吹き出し口を細くして排ガスの流速を上げることで排ガスの運動エネルギーを高めてタービンブレードに当てることが有効になる。水道のホースの出口を絞って水を遠くまで飛ばすのと同様の手法で、圧力のエネルギーを運動エネルギーに変えてタービンに当てるものだ。ただし、吹き出し口が小さいと高速域で大容量の過給を要するときには吹き出し量を増やしにくくなる。このように、A/R比が小さいか大きいかで、ターボの性格も異なってくる。

★可変容量ターボ

　ターボラグの対策はいろいろあるが、タービンへの排気ガスの吹き付け方を工夫したものがこの可変容量ターボに分類されるものだ。つまりA/R比を可変とし

たタイプである。

　日産がジェットターボと称したタイプは、排ガスのタービンへの吹き出し口に可変のベーンを設け、低速時にはこのベーンにより吹き出し口の断面積を小さくすることで流速を確保し、レスポンスの向上を狙ったものだ。

　VGTは「バリアブルジオメトリーターボ」の略で、スクロールの全周にわたって多数の可変ベーンを設けて、低速時にはベーンの開度を小さくして排ガスの流速を高め、高速域では開度を大きくするタイプである。ディーゼルエンジンでは排気温度がガソリンエンジンより低いことで採用例も多いが、ガソリンエンジンでは高温に耐える材料を使用する必要があり、コスト的に高価になるので高級車向きで、採用例は多くはない。

　ツインスクロールタイプは最初からスクロールの中を2分割しておき、低速域では片方のスクロールはバルブで閉めておき、半分のスクロールでターボを作動させる。吹き出し口が小さいのでやはり排ガスの流速がそれだけ高まる。高速域では両方のスクロールを使ってタービンを回す。かつてはこのような単純な切り替え式であったが、現在は気筒ごとの排気圧力を有効に使うため、干渉の少ないクランク角度の大きく異なるシリンダー同士を結んだ2系統の排気系をツインスクロールにつなぐ方式が取られている。たとえば直列4気筒エンジンならば1番

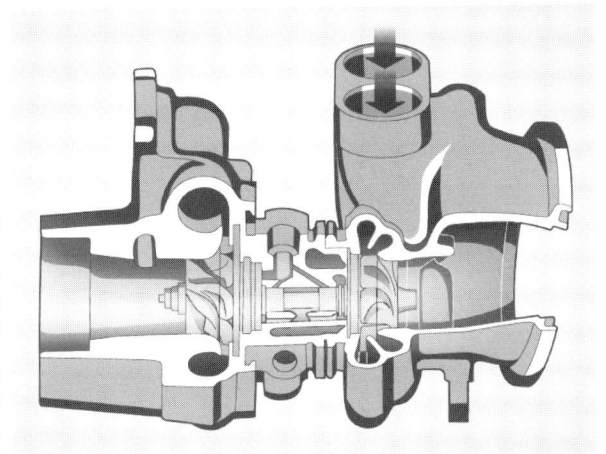

ツインスクロールターボの断面図
タービンのスクロールが2つに分かれており、低速では片方のスクロールのみを使って流速を高めてタービンに当てる。高速になったら両方のスクロールを使って大量の排気ガスをタービンに当てる。

103

**ツインスクロールターボ
のカットモデル**
低速から高速まで幅広く対応する手法はいろいろあるが、ツインスクロールが最もポピュラーだ。これはスバルレガシィ用。

と4番、2番と3番の組み合わせの2系統の排気管をツインスクロールにつなげる。1番シリンダーの排気は、吸入行程にある4番シリンダーの影響を受けずに強いエネルギーを持ったまま片方のスクロールを通じてターボに加わる。そしてもう片方の排気系も同様に作動して、各シリンダーの排気エネルギーが有効にターボに働く。

★ツインターボ

　ツインスクロールはスクロールがツインであるがターボはひとつであった。こ

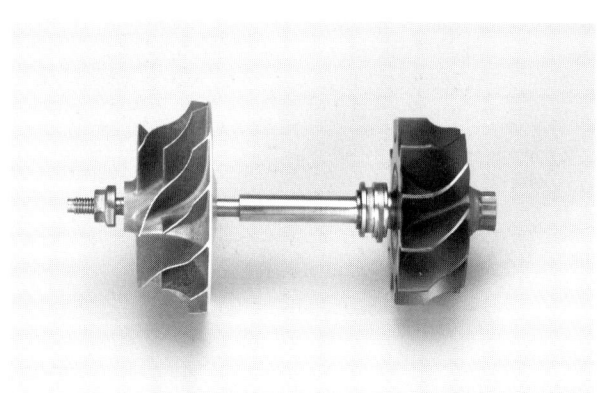

インペラーとタービンセット
左が空気を送り出すインペラーで、右が排気ガスを受けるタービン。これはチタン製のタービンを採用。

れを、ターボそのものを2つに分けたのがツインターボである。やはり排気干渉の少ない気筒ごとに排気系をまとめて2つのターボが過給を行なう。ひとつ当たりのターボの大きさが小さくなるので、レスポンスが向上する。

　ツインターボには2ステージターボと呼ばれる方式もある。これはターボを2つ持つものの、低中速域では片方のターボのみを使い、高回転高負荷になると両方のターボを使うという方式だ。シーケンシャルターボともいう。装備する2つのターボのサイズを変える場合もある。

■スーパーチャージャー

　機械駆動のいわゆるスーパーチャージャーは、エンジンの動力で駆動される。ターボチャージャーのように流体を使うのではなく、ベルトなどを使ってダイレクトに駆動するので、ターボラグのような遅れがなくレスポンスがよいのが利点だ。ターボチャージャーより優れた点がある一方、容量の割にサイズが大きく、高い過給圧を得ようとすると損失も大きくなり、大容量の過給には向いていない。そのため、スーパーチャージャーとターボチャージャーを併せ持ったツインチャージャーといった例も見られる。これは両者の利点を生かした使い方をするもので、その典型例がTSIのツインチャージャーだ。

スーパーチャージャー付きエンジンのカットモデル（ベンツ）

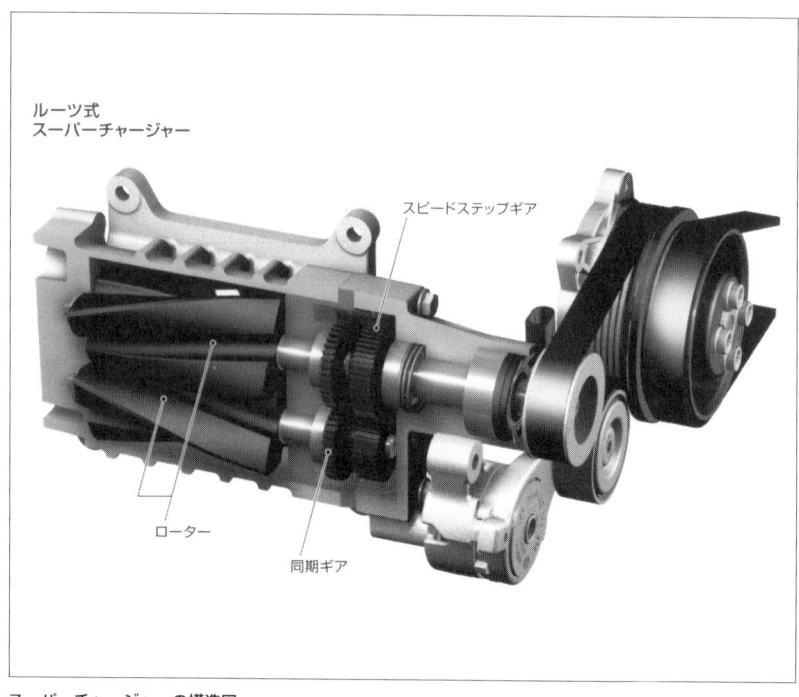

スーパーチャージャーの構造図
最もポピュラーなルーツ式スーパーチャージャー（TSIの例）。クランク軸の回転をベルトで受け、本体内のギヤで増速した上でローターを回す。脈動を防ぐためにローターはねじれた形状をしている。ローターは2葉から3葉が標準的になったが、4葉もある。

　スーパーチャージャーの代表的な方式はルーツ型といわれるものである。2組のローターをハウジング内で逆回転させ、取り込んだ空気を送り出す送風の機能を持ったものだ。これ自体に圧縮作用はないが、閉じられた吸気管内では強制送風が圧力の上昇を生み、過給される。

　ひょうたん型の2葉ローターがルーツ式の代表であったが、アメリカのイートン社のTVSというスーパーチャージャーは160度のねじりを与えた3葉または4葉のローターを持ち、小型で高性能を発揮している。メーカー採用されるとともにアフターマーケットでの評判も高い。スーパーチャージャーは過給しないときには損失が大きいが、TVSでは圧縮ロスに対処するため、バイパスを設けている。バイパスのバルブを開放すると、ローターは事実上空回りするようになり、

第5章 過給

**米イートン（eaton）製の
スーパーチャージャー**
コンパクトで高効率。ねじれの角度が大きく、3葉と4葉がある。

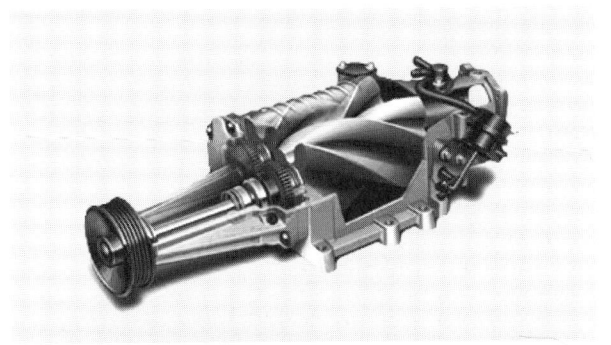

遠心式のスーパーチャージャーの例（トヨタ）
トヨタiQの限定車に装着された遠心式のスーパーチャージャー。空気を送り出す側はターボと同じだが、インペラーを回すのは排気ガスではなくベルトによる機械駆動。これが遠心式SC。

ロスが防げるようになっている。

■インタークーラー

　過給を行なうと空気の圧力が高まるため温度が上昇する。温度が上がるということは空気密度が下がることを意味しており、せっかくの過給もシリンダーへの酸素供給量としてはある程度割り引いて考えなければならない。特にターボチャージャーの場合、排気を利用するためただでもターボ本体が高温になっており、さらに圧縮による温度上昇が加わるため、効率が落ちる。そこで、ターボの場合

はインタークーラーを設けるのが普通になっている。

　インタークーラーというのは空気の冷却器で、基本的には冷却水のラジエターと原理は同じで、冷却フィンにより熱を放熱させるものだ。インタークーラーはエンジン本体の前、冷却水のラジエターと並べたり重ねたりして配置するか、エンジン本体の上部に配置することが多い。ターボ車のボンネットフードにエアス

空冷式インタークーラーを装備したターボエンジン（ベンツ）
空気は圧縮すると温度が上がり、その分空気密度は下がる。そこで温度が高まった空気をシリンダーに送り込む前に冷やし、空気密度を上げる。これを行うのがインタークーラーである。

水冷式インタークーラーを装備したエンジン（TSI）
吸入空気を冷やすのに冷却水を使う水冷式のインタークーラー（TSIの例）。構造は複雑になるが、冷却効果は高い。

第5章 過給

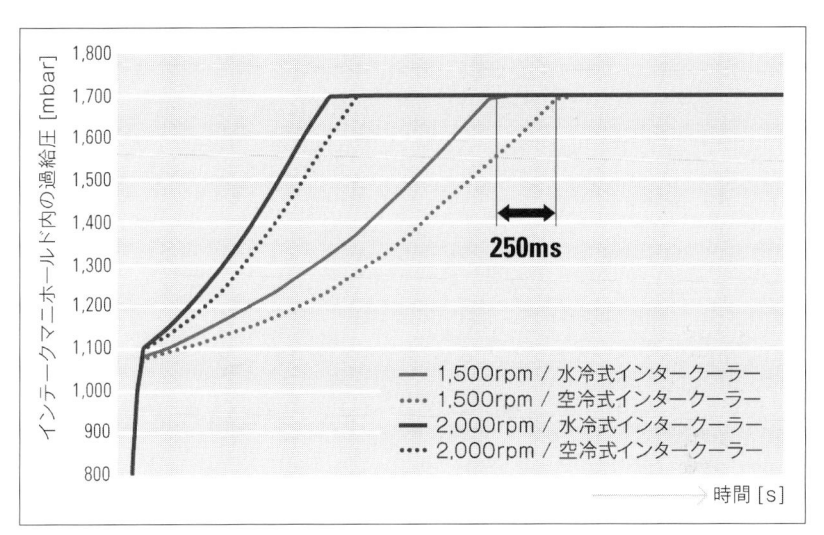

```
    1,800
イ   1,700 ─────────────────────────
ン   1,600
テ   1,500
ー   1,400                    ←250ms→
ク   1,300
ー   1,200
ラ   1,100
ー   1,000      ── 1,500rpm / 水冷式インタークーラー
マ    900      ···· 1,500rpm / 空冷式インタークーラー
ニ            ── 2,000rpm / 水冷式インタークーラー
ホ    800      ···· 2,000rpm / 空冷式インタークーラー
                                          時間[s]
```

水冷式と空冷式による過給圧の上がり方の違い（TSI）
水冷式のほうが速く過給圧が上がる。ちなみに1500 rpmでは1700 mbarまで上げるのに250 ms（1/4秒）早いことを表わしている。

クープを設けているのは、インタークーラーターボの象徴にもなっている。

インタークーラーは空冷式が多いが、エンジン冷却水を利用した水冷式もある。比熱の大きさから水冷式のほうが効果は高いが、コストも高くなる。

109

第6章

ミラーサイクル

ミラーサイクル

　ガソリンエンジンは一般的に「オットーサイクル」という熱サイクルで作動しているとされている。このオットーサイクルでは圧縮比と膨張比は同一である。それを圧縮比よりも膨張比を大きくしたのが、ジェームズ・アトキンソンが確立した「アトキンソンサイクル」である。しかし、圧縮行程よりも膨張行程を長く取ることを実現するには複雑なクランク機構が必要になる。ホンダでは汎用エンジンでそれを実用化している例もある。ただし、高回転化も難しく出力の割には寸法が大きくなることから、自動車用エンジンとしては向いていない。

　もっと簡単な機構でアトキンソンサイクルを実現したい、ということで考案されたのが、ミラーサイクルである。米国人のラルフ・ミラーにより考案されたもので、その方法は吸気弁の極端な早閉じまたは遅閉じにより、実質的な圧縮行程を短縮するものである。

　なお、ミラーサイクルはアトキンソンサイクルを実現するための一手法であ

第6章 ミラーサイクル

り、ミラーサイクル方式のアトキンソンサイクルといえる。トヨタはアトキンソンサイクルエンジンと呼んでいるが、その方式はミラーサイクルであり、ここでは同義と考えてよい。

　バルブタイミングは通常でも回転数により吸気バルブの閉じる時期は下死点後であるが、それをさらに遅くするわけで、いったんシリンダー内に吸い込んだ吸気は一部が吸気マニホールドに押し戻される。吸気バルブが閉まってから実質的な圧縮が始まるので、ピストンのストロークから見た圧縮行程より短くなる。

　この意味するところは、吸気行程ではエンジンの排気量を小さく使うことである。当然出力は小さくなる。しかし、膨張行程では本来の排気量の働きをさせるので、熱効率の点からは効率が高まる。それは低燃費につながるわけである。しかし、エンジンサイズの割には出力が小さいことはデメリットでもある。

　ミラーサイクルを初めて量産車に搭載したのはマツダの1993年の「ユーノス800（ミレーニア）」で、リショルムコンプレッサー式スーパーチャージャー付きの2.3LのV6エンジンであった。その後、マツダは2007年に1.3Lの自然吸気の直4エンジンにミラーサイクルを採用し、デミオに搭載した。また、トヨタはプリウスを始めとしたハイブリッド車用にミラーサイクルエンジンを使っている。そのほかでもミラーサイクルと謳うかどうかは別として多くのメーカーが手がけ

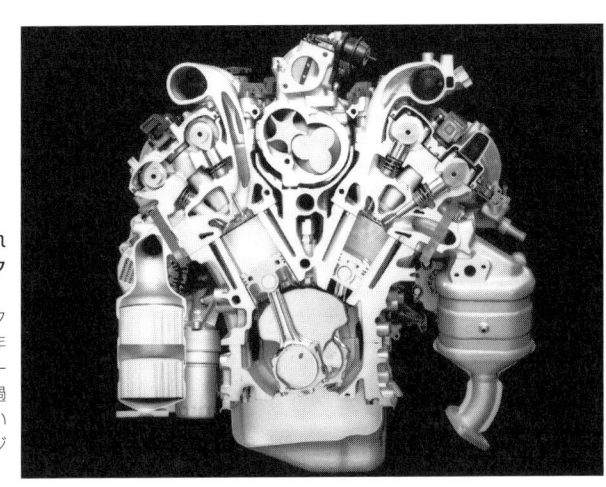

初めて量産車に搭載されたマツダのミラーサイクルエンジン
過給器付きミラーサイクルエンジンで、2003年にユーノス800（ミレーニア）に搭載された。過給器はリショルム式といわれるスーパーチャージャーだった。

111

2007年にデミオに搭載された1.3Lミラーサイクルエンジン
マツダは早くからミラーサイクルに取り組んでいた。バルブコントロールが普通に行なわれる現在は、各社のエンジンも低回転域など使用条件でミラーサイクル化させているのは珍しくない。

ている。日産ではマーチの1.2Lの3気筒エンジンをスーパーチャージャー付きミラーサイクルとした仕様を開発、ヨーロッパ向けの「マイクラ」日本名マーチに搭載したほか、2012年9月発売の新型ノートにも搭載した。

　ミラーサイクルの弱点は圧縮行程を途中から始めるので吸気量は少なく、圧縮圧も小さくなる。そこで、自然吸気のミラーサイクルでは幾何学的圧縮比を大きくしている。マツダ1.3Lエンジンの例では、10.1の圧縮比をミラーサイクルでは11.1に高めている。トヨタのハイブリッド用エンジンはさらに高く、12.5〜13.0といった高圧縮比としている。それでもミラーサイクルでは実圧縮比は数字より低いのでノッキングを起こさない。

　とはいえ、吸入空気量は少ないので、出力も小さくなる。特に問題なのは低速域である。発進加速など、普段使う低速域でトルクが不足しがちとなる。そこを

第6章 ミラーサイクル

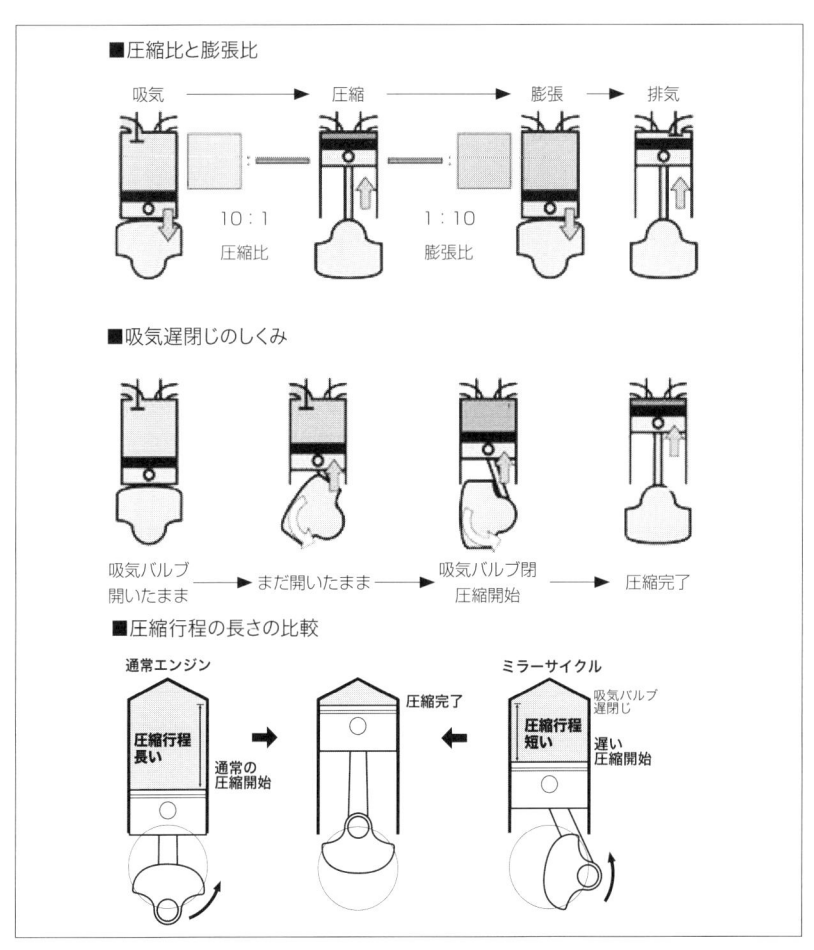

■圧縮比と膨張比

吸気 → 圧縮 → 膨張 → 排気

10：1 圧縮比　　1：10 膨張比

■吸気遅閉じのしくみ

吸気バルブ開いたまま → まだ開いたまま → 吸気バルブ閉 圧縮開始 → 圧縮完了

■圧縮行程の長さの比較

通常エンジン　　　　　　圧縮完了　　　　ミラーサイクル
圧縮行程長い　通常の圧縮開始　　　　　吸気バルブ遅閉じ
　　　　　　　　　　　　　　　　　　圧縮行程短い　遅い圧縮開始

ミラーサイクルという手法の説明図
基本は吸入バルブの閉じ時期を遅閉じまたは早閉じして、実質の圧縮行程を短くすること。膨張行程のほうが長くなるので、効率が上がる。ただし、吸入行程を充分に使わないので排気量を小さく使っていることになる。また、見かけの圧縮比より実質的な圧縮比は下がるので、普通のエンジンよりより高めの圧縮比としてもノッキングは起きない。ミラーサイクルは効率の良い(すなわち燃費の良い)エンジンといえる。

補うためにデミオではCVTと協調してそれをカバーしている。その点、ハイブリッド車用のエンジンの場合は、ミラーサイクルの弱点をモーターでカバーでき

113

る。逆に言うとハイブリッド車用エンジンとしてミラーサイクルは向いているといえる。

　低速域や部分負荷時のトルク不足をカバーするのが過給器付きミラーサイクルである。額面の圧縮比を高くした上に過給をしたらノッキングを起こすのではないかとの懸念が生まれるかもしれない。しかし、実圧縮比が高いのは高負荷時であり、低速低負荷では圧縮比にまだ余裕がある。すなわち、過給して圧縮圧が上がってもノッキングは起きない。なお、過給をして実圧縮比を上げたとしても、熱効率はやはり高く保てる。熱効率は、「燃焼開始時の燃焼ガスの体積と排気開始時の体積の比が高いほど効率が高い」のであって、圧縮圧の高さと効率は直接の関係はない。圧縮圧の高低は出力の大小に関係するが、効率には関係しない。つまり、圧縮圧→出力、圧縮比→効率の関係である。

　なお、ミラーサイクルには早閉じと遅閉じがあるが、たいていは遅閉じである。早閉じの場合、バルブの開きが充分でなく、吸気量を多く取り込みにくい。その点遅閉じは吸気マニホールドに吸気をいったん戻しても、早閉じよりも吸気量は多くなる。吸気マニホールドの圧力が上がることはポンピングロスの低減にもつながる。これが遅閉じにする理由である。

第7章
可変吸気・EGR・気筒数・HCCI

可変吸気システム

　第2章の可変バルブタイミングの項で述べたように、吸入空気には慣性力がある。この慣性力を利用して吸入空気量を増やそうという発想で生まれたのが、可変吸気システムである。その構造は長い吸気マニホールドを設けておき、低速ではその長い吸気マニホールドを通ってシリンダーに吸入されるが、高速ではバルブの切り替えで短いバイパスを通るようするものだ。広い空間から空気を取り込む場合はほとんど空気に慣性力は働かないが、吸気マニホールドに入った連続的な流れの空気は通路が決まっているので慣性力が働いている。その強さは吸気管の長さが長いほど強くなる。この可変長インテークマニホールドはすでに新しい技術ではないが、それだけに広く採用されるようになっている。
　低速域ではピストンの吸引力が弱く吸気を取り込みにくい。そこで、長い吸気マニホールドで慣性力を持った空気を、その勢いを利用してシリンダーに取り込む。これを慣性過給ともいうが、通常より多くの空気を取り込むことができる。

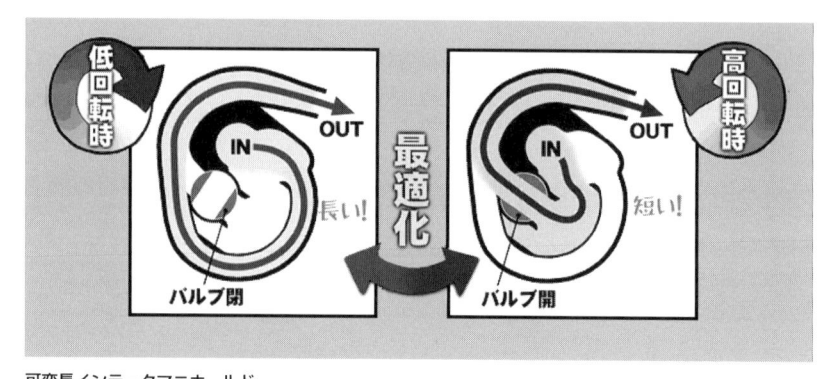

可変長インテークマニホールド
エンジンの回転域に合わせてロータリー式でマニホールド長を変化させる。

　しかし、長すぎると流通抵抗が増すという面も持っている。したがって高回転になり流速が増してくると、長い吸気管では返って吸入量の増加を阻害することになってくる。そこで、高回転になると、短い通路を通るように切り替えるわけである。

　慣性過給とともに、共鳴過給というシステムもある。これは主にV6エンジンで採用されるが、それは、V6は「脈動が大きめの3気筒を2つ合わせたもの」という考えからきている。両バンクの3気筒の吸気マニホールドをチャンバーで結ぶと、あるエンジン回転数において各気筒で発生した脈動波がチャンバー内で合成され、共鳴を起こす。これは音叉が共鳴するのと同様、チャンバーの固有振動数と各気筒で発生した脈動波の振動数が合うことで起こる現象である。この共鳴によって増幅された圧力がちょうど吸気行程にある吸気バルブに達すると、多量の空気がシリンダーに取り込めるというわけである。

　ただし、この共鳴過給も低中速回転域では効果が高いものの、高回転域ではむしろ吸気効率の低下を招く。そこでバルブによりその作動を停止させるようにするのである。

　ホンダレジェンドのV6エンジンの「2段共鳴過給システム」は両バンクを結ぶ大き目のチャンバー内に共鳴連通バルブと2つの共鳴管切り替えバルブを持つ。切り替えバルブの開閉によって共鳴管長を2通りに変えて、低速回転および中速

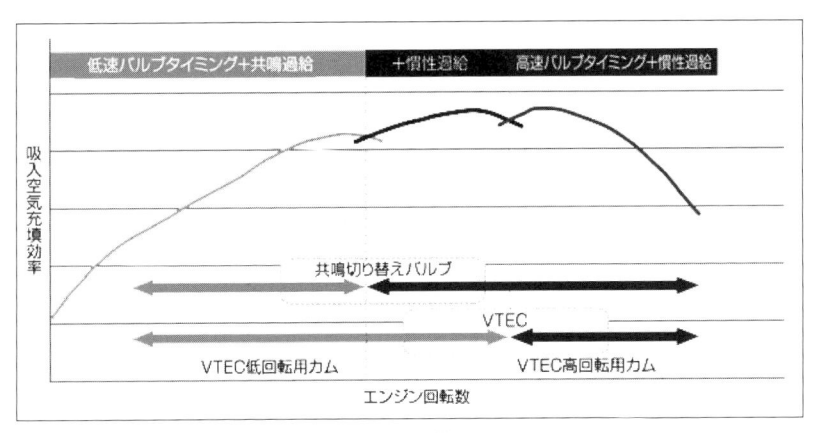

第7章　可変吸気・EGR・気筒数・HCCI

ホンダのV6エンジンにおける共鳴過給と慣性過給の使い分け
低速カムと高速カムを持つVTECエンジンで、その間の谷を共鳴過給と慣性過給を使って埋めるようにしている。

回転域で2段階の共鳴効果を得るとともに、高回転域では共鳴連通バルブを開いて慣性効果を活かす機構としている。

EGR

■外部EGR

EGRは「Exhaust Gas Recirculation＝排気ガス再循環装置」で、排気ガスの一部を、スロットルバルブの下流の吸気マニホールドに導いて、再度シリンダー内に吸入させるシステムである。そもそもはNOxを減らすことが目的であったが、現在ではガソリンエンジンの場合はポンピングロスの低減のほうが主な目的になっている。

EGRでなぜNOxが減るかであるが、EGRガスには酸素がないかきわめて少ない状態なので、シリンダー内にEGRガスが導入されると、吸気の酸素濃度は薄められる。それに合わせて燃料も減らされるので、燃焼による発熱量は下がる。温度が下がるとNOxも減るというわけである。ただ、ディーゼルエンジンの場合と違って、ガソリンエンジンではNOxは三元触媒により解決できるようにな

スカイアクティブエンジンのクールドEGR
EGRガスをインテークに戻す途中に水冷のクーラーを設けて、そこで冷却して温度を下げてから吸気に混合する。

ったので、あまり問題にしなくてよい。

　ただし、燃焼温度を下げることは重要ではある。高負荷、高回転域で排ガス温度が上がりすぎると触媒等に悪影響が出るので、点火時期を遅らせるとともに燃料を濃くして温度を下げる制御が必要になり、結果的に燃費を悪化させることになる。だが、EGRにより排ガス温度を下げられれば、このような制御は不要になるわけである。

　次に、EGRがポンピングロスの低減になる理由は次のとおり。EGRガスは前述のようにスロットルバルブの下流の吸気マニホールドに導入される。するとそこの圧力は高まるのでスロットルバルブはその分開度を上げることになる。スロットルバルブの開度が小さいほどポンピングロスは大きいので、スロットル開度が増せばロスも減るわけである。

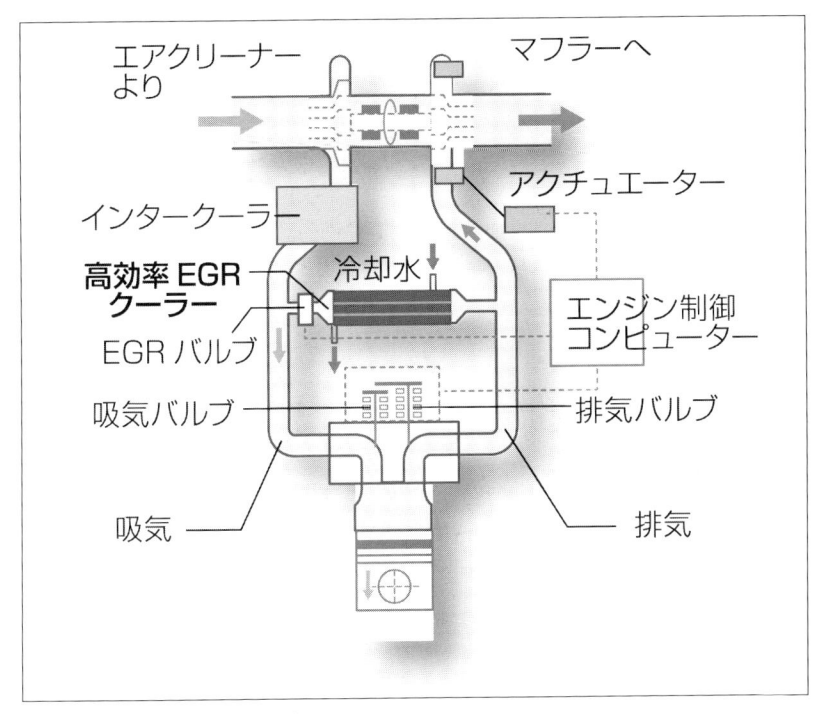

第7章 可変吸気・EGR・気筒数・HCCI

ターボ車におけるクールEGRの概念図
排気ガスはタービンに行く途中で一部がEGRクーラーを通って冷却され、再びインテークマニホールドに入る。このクールEGRにより燃焼温度が下がり、NOxの排出が抑制される。

　EGRガスは排気ガスであるから温度は高い。温度が高いということはそれだけ体積が大きいので、その分本来の吸気量が減ってしまう。そこで、EGRの効果を高めるためにEGRクーラーを使うのが普通になってきている。このクーラーは通常のエンジン冷却用のラジエターと同様、水冷の熱交換器である。

■内部EGR

　EGRというと通常は外部EGRを指すが、内部EGRもある。これは排気行程で排気されるガスを行程の最後でシリンダーに戻すものである。そのために排気バルブの閉じ時期を遅らせるとともに吸気バルブを早めに開けるなど（オーバーラップ）、バルブタイミングの調節で実現する。可変バルブタイミング機構が広く

採用されるようになったのはこの内部EGRを行なう目的も大きいといわれる。

　内部EGRの効果にはHCの低減もある。排気行程の最後、バルブのオーバーラップのあたりでは未燃ガスが残りがちで、HCの発生の原因になっている。これを再吸引して次の燃焼行程で再燃焼させることができるので、HCが低減するわけである。

少気筒数化

　国内では2009年の東京モーターショーで、ダイハツが軽自動車用2気筒エンジンを展示したことがある。そして2010年には、フルモデルチェンジした「日産マーチ」が3気筒のエンジンを搭載して登場した。従来の感覚からすれば1200ccクラスであれば当然4気筒が普通であったが、あえて3気筒を選択している。また、輸入車では「フィアット500ツインエア」が875ccながら2気筒エンジンを搭載した。これら少気筒数化の狙いはエンジンのロスを減らして効率を高めることに

フィアット500ツインエアの2気筒エンジン
875 ccと軽自動車のエンジンより排気量が大きいが、2気筒を選んだ理由は熱損失が小さく、全体に小型軽量化できるから。その結果摩擦損失も低減できる。ただし、振動の課題はある。

第7章　可変吸気・EGR・気筒数・HCCI

同排気量の4気筒エンジンとの寸法比較
線で描いたシルエットが2気筒エンジンで、全長が105 mmほど短い。

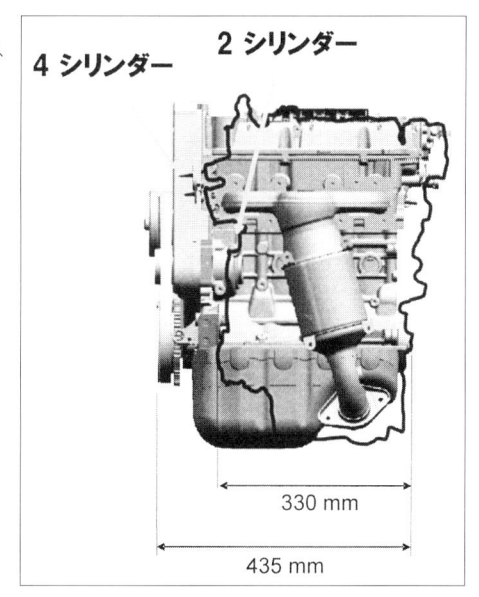

ある。

　気筒数が少ないとなぜ熱効率が高まるか。それは冷却損失が減るからである。S/V比という指標があるが、これは「Surface-Volume Ratio」の略で、燃焼室の表面積と容積の比である。このS/V比の値は排気量の小さな気筒ほど大きくなる。すなわち表面積の割合が大きくなって、冷却で失われる損失が大きくなる。では、排気量が大きければよいかというと、火炎が伝播するのに時間が掛かり燃焼時間も延びて、やはり冷却損失が大きくなる。すなわち1気筒当たりの排気量には適切な数値があり、それはおよそ400〜600 ccといわれている。

　S/V比は排気量だけでなく、ボア・ストローク比でも変わる。ボアが大きいほうがS/V比大きくなり、損失が大きくなる。かつての高回転高出力を狙ったエンジンは出力を稼ぐために、ボアの大きなショートストローク化に向かっていた。バルブ径も大きくできるし、ピストンスピードも抑えられるからだ。現在の高効率、低燃費を狙ったエンジンがロングストローク化の傾向にあるのは、その逆に向かっているからといえる。

121

バランスシャフトを設けたツインエア2気筒エンジン
2気筒化で問題になるのが振動で、そのためバランスシャフトを設けているが、もちろんある程度振動は残る。ただ、いちばん気になるアイドリング時にアイドリングストップが働くのは好都合だ。

　気筒数の減少は熱損失の低減ばかりではない。エンジン全体を小型化することが可能で軽量化も達成できる。また、ピストンやバルブ、クランクの軸受けの数が減ることで摩擦損失も減らすことができる。

　ただし、問題は振動にある。気筒数が減ればエンジンのバランス上から振動は大きくなる。特に2気筒では360度クランクを使うとピストンは左右同じ動きをするので、振動が大きい。フィアット500のツインエアエンジンではバランスシャフトを設けているが、もちろん完全に振動を抑えることは不可能だ。180度クランクにする考え方もあるが、その場合は不等間隔燃焼により気になるトルク変動が発生する。なお、燃焼回数が減った分1回の燃焼圧力が大きくなるので、そのことからもトルク変動が大きく振動も大きくなる。

　ただ、この問題には朗報もある。振動が気になるのは主に低回転時で、特にアイドリング時が問題である。これに対してはアイドリングストップの普及が、その問題を小さくする役割を果たしている。実際、マーチもフィアット500ツインエアもアイドリングストップ装置を備えている。少気筒数エンジン車にとっては、アイドリングストップは燃費削減だけではなく、振動対策にもなっている。

第7章　可変吸気・EGR・気筒数・HCCI

究極の燃焼形態「HCCI」

　内燃エンジンの理想的にして究極の燃焼形態とされているのが、HCCIである。これは「Homogeneous Charge Compression Ignition」の略で（均一）予混合圧縮燃焼あるいは予混合圧縮着火燃焼と呼ばれるものだ。HCCIがどのように理想的なのかというと、燃費がよく排ガスもきれいということで、ディーゼルエンジンの長所を持ちながら短所を持ち合わせないエンジンといえるもの。あるいはガソリンエンジンとディーゼルエンジンのよいところを取った異種混合のエンジンともいわれる。ディーゼルエンジンにおいてはもともと圧縮着火であり、低負荷の一部領域でHCCIを実現しているところはあるが、ガソリンエンジンではHCCIを使ったエンジンは量産化されていない。現在世界中のメーカーがその実用化に取り組んでいるところである。

　HCCIの燃焼の良いところは、燃焼室のあらゆるところから同時に燃焼が始まる、いわゆる多点着火であることだ。しかも燃焼速度も通常の火花点火と比べるとゆっくりとした燃焼になる。同時多発の着火なので燃焼時間が長いわけではない。火花点火では点火プラグの周辺から燃焼が始まり拡散していく。ディーゼルエンジンでも燃料を噴射することで燃焼を始めるが、燃料は均一化されていないのでインジェクターの近くから順次燃え広がる感じになる。いずれにしても、ここでは噴射された燃料と空気がうまく混ざるかが問題で、それが不充分であればCO_2やHCなどの発生につながる。

　これに対しHCCIの場合は「予混合」ということで混合気が予め均一に混合されており、燃焼が同時多発的に起こる。燃え残しがなければ排ガスもクリーンであり、燃焼効率も高い。しかもこのときの燃焼温度は火花点火に比べるとかなり低温であり、NO_xも発生しにくい。ディーゼルエンジンではNO_xとPMがトレードオフの関係にあるが、HCCIでは両方とも低減できる。さらに、HCCIは原則的にディーゼルエンジンと同様、ノンスロットルすなわちスロットルバルブで絞らないのでポンピングロスがなく、この点でも効率が高い。

　この理想的燃焼形態であるHCCIの課題は、なんといっても筒内のガス温度の

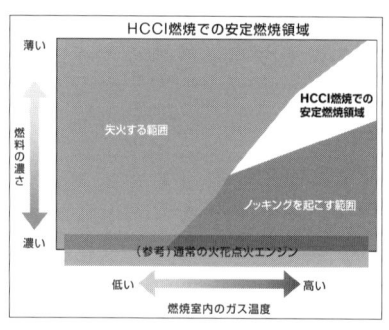

HCCIの安定燃焼領域概念図
横軸は燃焼室内のガス温度で縦軸は燃料の濃さ。下方に通常の火花点火エンジンの作動領域が描かれているが、これから分かることは、火花点火エンジンと比べると、まず燃料は大幅に薄い（リーン）であることが必要。ただし、薄くすればするほど失火する領域は広がる。ガス温度も高くすればするほどノッキングを起こす領域が広がる。HCCIが安定的に燃焼する領域は、両者の条件から生ずる微妙な範囲になる。この領域の拡大がHCCIの最大の課題となっている（資料：日産自動車）。

コントロールにある。圧縮自己着火時のガス温度が高すぎるとノッキングを起こしてしまうし、低いとHCの発生が増えるし、さらに低いと着火しない。適度の温度管理が必要になる。ガソリンエンジンでは点火プラグ、ディーゼルではインジェクターで燃焼のタイミングを図れるが、HCCIではそのようなデバイスを持たないので、着火させるための条件作りが非常に難しい。軽負荷では実現できても、高負荷領域に広げられないのが現状である。この運転領域の拡大こそがHCCIの課題である。

基本的にHCCIを達成する条件としてかなり薄い混合気が前提になる。このために吸入空気量に対して燃料の噴射量は少なめになる。しかしそれでは出力が小さくなるので、ディーゼルと同様、過給は必須となっている。また、自己着火させるにはある程度の温度が必要でEGRが行なわれる。通常のガソリンエンジンでEGRは温度を下げる方向だが、HCCIではむしろ高い温度のEGRが必要。そのため内部EGRすなわちバルブタイミングのオーバーラップにより、排気ポートから排気を引き戻す。また、排気バルブを早閉じして多くの排気をシリンダー内にとどめ、吸気バルブ開時期を遅らせて排気の圧力が下がってから開けるなどして高温希釈の状態に燃料を噴射して予混合するといった手法が取られている。

すでにメーカーによってはHCCIエンジンを実車に搭載してテストも行なっているが、その実現領域は狭く、高負荷では火花点火へと切り替えるとしても、トータルで燃費改善、排ガスの改善につながるかが問題であり、いまだ量産には至っていない。結局、ガソリンHCCIはその実現領域の拡大がいちばんの課題なのである。

第8章

損失の低減

損失の低減

　第1章で述べたように、エンジンの熱効率と燃費は反比例の関係にあるので、熱効率を向上させることは燃費の低減につながる。その熱効率向上の手立てには、燃焼の改善と損失の低減の2つがある。今まで燃焼とそれに関わる損失の改善についていろいろ紹介してきたわけだが、ここでは直接燃焼に関わる損失以外で発生する損失について、その低減策を紹介する。

　摩擦抵抗の低減はその筆頭であるが、補機類の駆動力低減や軽量化による駆動力の低減等、各所で損失の低減が行なわれている。摺動部のコーティングやローラー化による摩擦損失低減、補機の電動化による効率向上、材質の変更、樹脂化による軽量化、等々により、エンジン出力が走行以外に使われる比率をできるだけ下げる工夫がなされている。

■摺動摩擦の低減

★ピストン

　ピストンはアルミニウム合金でできている。アルミは熱膨張率が高いので、そのままではウォータージャケットで冷却されたシリンダーに比較してより膨張して焼き付きを起こしてしまう。そのため通常は膨張率の低いシリコン（珪素：Si）を十数％、さらにその他の元素も加えたアルミニウム合金としている。

　ピストン頂部とスカート下部では熱の受け方が異なるため、見た目では分からないが膨張率の高い頂部よりスカート下部の方が広がった形状になっている。最近のピストンは軽量化のためスカートは短くなっている。特にサイドスラストの掛からないピストンピン軸方向はほとんどスカートがない。その直角方向のサイドスラストが掛かる側も、燃焼行程でサイドスラストが掛かる側のほうが長く、非対称のスカートを持つものもある。

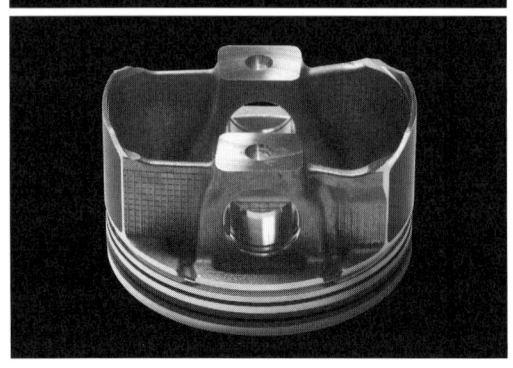

スカート部分が非対称のピストン例
ピストンのピン軸方向はサイドスラストが掛からないので最近のピストンはスカートを設けないが、スラストの掛かる側も燃焼行程で押される側と、圧縮と排気行程を受け持つその反対側のスカートではスラストの大きさが違う。そこで左右のスカートの幅に差を付ける手法がある。

第8章　損失の低減

樹脂によるパターンコーティングをスカート部に施したピストン例
スラストのかかるスカート部は樹脂など何らかのコーティングを施すのが普通。ゴルフボールのようなディンプルを設けてオイル溜まりとし、摺動抵抗を減らすものもある。

　そのサイドスラストを受け持つ面に、摺動抵抗を減らすため樹脂をコーティングする例が多い。また、パターンコーティングという加工を行なったピストンもある。これは摩擦抵抗の少ない、ゴルフボールのようなディンプル（窪み）を設け、オイル溜まりとして機能させ摺動抵抗を低減するものである。

★ピストンリング

　ピストンリングは通常トップリング、2ndリング、オイルリングの3本で構成されるが、スポーツエンジンなどでは摩擦低減のために2本にしている例もある。トップリングは圧縮リングとも呼ばれ、燃焼圧のシール機能が主であるが、放熱の役目も持っている。2ndリングはシールの補助の役目を持っている。オイルリングはシリンダー壁のオイルを掻き落とす役目を持ち、通常3ピースで構成されている。素材は、かつては鋳鉄であったが現在はスチールが主流になっている。これに窒化とかPVD（物理気相成長、蒸着法のひとつ）といった表面処理を

127

施して耐久性を上げている。

　エンジンの摩擦損失のうちピストンリングの摩擦損失は30％にもなるというから、かなり大きい。ピストンリングは、自身のバネ張力によりシリンダー壁に押し付けられるが、その状態で真円になるようになっている。この張力が大きいと摩擦は大きくなるので、できるだけ張力は小さくしたい。しかし張力が小さすぎると吹き抜けが起きたり、オイルリングではオイル上がりが発生したりしかねない。張力を小さくする方向で追求していくと、シリンダーの真円度を上げる必要も出てくる（後述）。

　ピストンリングのもうひとつ最近の傾向は、薄くなっていること。これは軽量化になることで、吹き抜けの原因になるフラッタリングというバタつきを防ぐことにもなる。もちろん摩擦低減になっている。

★コンロッド

　コネクチングロッドは通称コンロッドと呼ばれるが、大きな燃焼圧力を受けるとともに、高回転では大きな慣性力も受ける。それは圧縮と引っ張り両方の力を受けるので、普通は熱間鍛造で作られている。運動部分であるから当然軽量化したいが、強度も保たねばならないシビアなパーツである。大端部は通常組み立て式で、コンロッド本体とキャップが分離されており、それを間にメタルを挟んでボルトで結合する。軽量化の点からは大きいボルトでは重量増になるので高張力ボルトが使われる。しっかりとした締め付けが必要で、これが弱く接合面が開くように作用すると摩擦損失が大きくなるとともにメタルの耐久性も下げることになる。

　「破断割りコンロッド」あるいは「かち割りコンロッド」というものもある。これはコンロッドを一体成型し、大端部内面にレーザー光もしくは機械加工により破断開始面を設け、衝撃荷重により破断、その破断面を合わせて締め付ける方式。凹凸のある破断面がぴったり合うので、通常のリーマーボルト式よりせん断荷重に対し大幅に強度がアップする。強度がアップするということはその分軽量化を可能にする。しかも高精度を要求されるボルト穴仕上げ加工が不要となるため、工程も少なくて済み、コストダウンにもなるというもの。

第8章　損失の低減

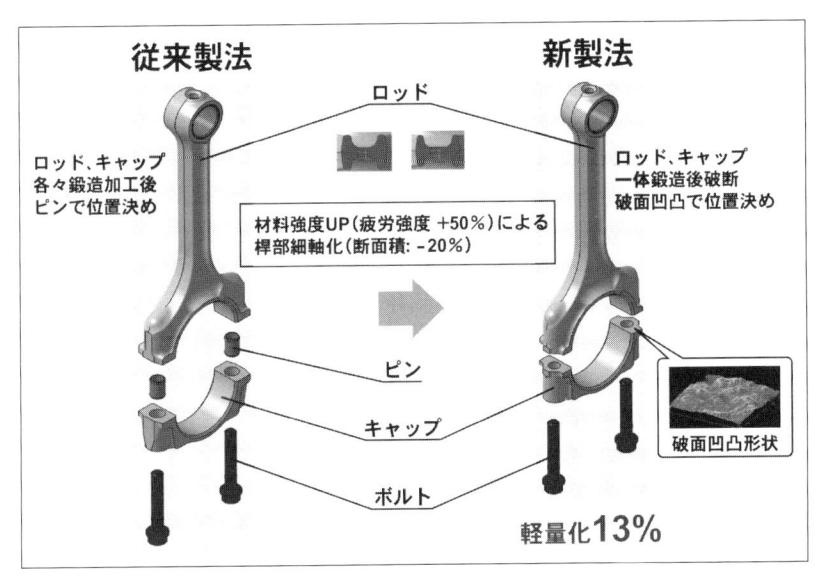

ホンダの1.8L・i-VTECエンジンに見る軽量コンロッド
材料強度を上げたことでH型断面を見直し軽量化、またいわゆる「かち割りコンロッド」としたので、キャップは破断面が位置決めにもなり組み立ても簡単、軽量化にもなっている。

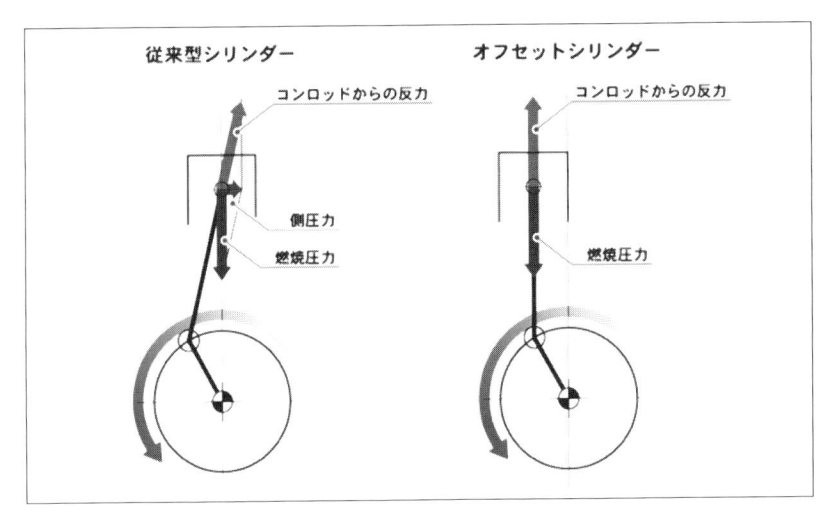

オフセットシリンダーの概念図
シリンダーの中心とクランクの回転中心をあえてずらす。これにより燃焼行程で発生する大きなサイドスラストを弱めることができる。

129

摩擦損失低減では全体に寸法の縮小化がある。メタル幅すなわちコンロッドの厚さを縮小することで、接触面積を減らすものだ。また、径を縮小する例もある。コンロッドの中間部分の断面は通常H型をしているが、これも同じH型でも形状と寸法を見直し、強度を保ちながら軽量化を図る手法も行なわれている。

★クランクシャフト

クランクシャフトは丸棒から熱間鍛造で作られた後、機械加工で仕上げられるのが普通だが、精度のよい冷間鍛造も増えている。また、最後に表面処理で強度を上げている。軸受け部は切削後に研磨テープでの仕上げ、ラッピングを行なうことで鏡面仕上げされ、摩擦抵抗を減らす。また、クランクシャフトもコンロッド大端部と同様、ピンとジャーナルのメタルの幅、および径を縮小する手法で摩擦低減を図ることも行なわれている。

★シリンダー

シリンダーはシリンダーヘッドとボルトで締結するが、せっかく精度よく真円に仕上げてもこのボルトの締め付け力でシリンダーボアは変形する。そこで、ヘッド締結状態を再現する治具を取り付けた状態で真円加工することで実際の真円度を高める手法をとる。真円度が高くなれば、ピストンリング張力を小さくすることができ、摩擦抵抗低減を可能にする。

ピストンが燃焼行程で下がるとき、コンロッド大端部は円を描くためにコンロッド自体は傾斜しながら下がる。そのためピストンがコンロッド大端部と反対側のシリンダー壁に押し付けられるように力が働き、大きな摩擦力が働く。そこで、この摩擦をできるだけ小さくするため、クランクシャフトの中心とシリンダーボアの中心をオフセットしておく手法がある。これにより大きな力が働く燃焼行程でのコンロッドの傾きが小さくなり、結果としてピストンのサイドスラストも減るのである。

これはピストンが上死点にあるときすでにコンロッドはわずかに傾斜していることで、これは下降するときのスピードを下げるように働く。すなわち、ピストンが上部にいる時間をわずかながら長く取れ、燃焼圧力を効率よく取り出せることにもなっている。

★動弁系

　動弁系の摩擦損失で大きいのは、まずバルブの駆動で生ずる摩擦抵抗である。特に大きいのはカムプロファイルがバルブを押し下げるときに生ずる摩擦である。バルブスプリングの強い反発力に打ち勝って押し付けるので、大きな摩擦力が働く。そこでロッカーアームを介する場合は、実際にカムプロファイルの当たる箇所をニードルローラーといったカムフォロアとし、摺動摩擦でなく回転摩擦とすることで摩擦抵抗を減らす手法が広まっている。

　直接バルブリフターを押してバルブを駆動する場合は、リフターに表面処理を施す。「DLC」というコーティング技術があるが、日産はそれをさらに進めた「水素フリーDLC」を開発し、バルブリフターに採用している。DLCは「ダイヤモンド・ライク・カーボン」の略で、ダイヤモンドとグラファイトの中間的な結

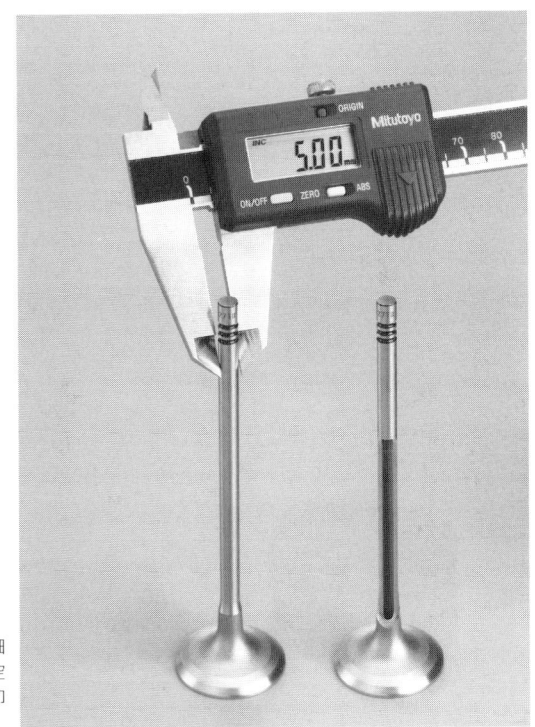

バルブの軽量化の例
バルブステム部を中空にしたり、細くしてバルブの軽量化を測る。中空部にナトリウムを封入するのは冷却性の向上のためだ。

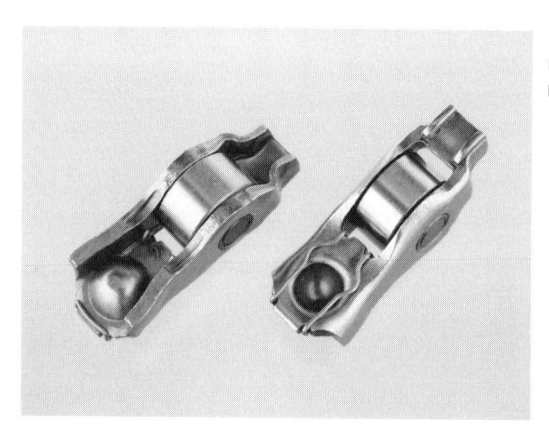

ローラーロッカーアーム
ロッカーアームは摺動摩擦を避けてローラー付きとすることが多い。

晶構造を持つ非常に硬く摩擦抵抗を低減する効果を持つコーティング処理である。しかし、通常のDLCは水素が含有されており、それが性能を阻害するとして、日産では水素を含まない「水素フリーDLC」の開発に成功し、これによりさらに大幅な摩擦低減を果たしている。これを直動式DOHCのバルブリフターへ採用したデータでは、市場で多いCrN膜に対して、2000回転で26％、専用のオイルとの組み合わせでは32％もの摩擦低減が得られ、約2％の燃費向上につながったという。なお、この水素フリーDLCはバルブリフターのほか、ピストンリングやピストンピンなどへ適用を広げている。

　バルブはステム（軸）部と傘部は別々に作り、摩擦圧接などで接合して完成さ

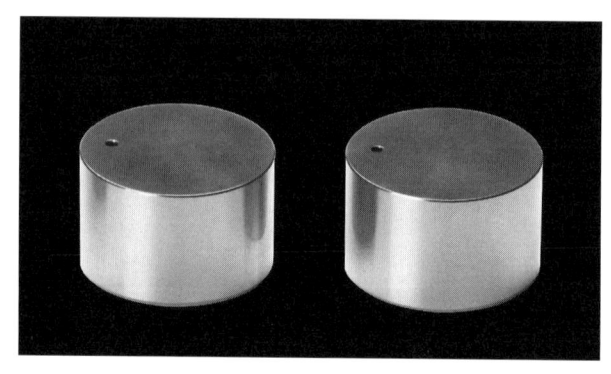

「水素フリーDLC」という表面処理を施したバルブリフター
DLC（ダイヤモンド・ライク・カーボン）という表面処理では通常水素が含有され、それが性能を阻害するのだが、日産では水素を含まないDLCを開発、直動式のバルブリフターに施し、カムプロファイルとの摩擦抵抗を減らしている。

せる。材料は高熱にさらされるので普通は耐熱鋼が使われる。特に排気バルブのほうが熱に厳しい。そこでステムから傘部までを中空とし、ナトリウムを封入したバルブが使われる。放熱性に優れており、かつてはレーシングエンジン用であったが、現在は量産エンジンにも使われている。

　バルブは往復運動をするので、軽量であることが望ましい。そのため鉄系のバルブよりも40％軽いとされるチタンバルブも使われる。バルブの軽量化はバルブスプリングのバネ力を弱めることを可能としてロスを減らせるとともに、高回転を可能にする。また摩擦の低減にもつながる。

■補機の効率化

　ウォーターポンプは電動化の方向にある。従来一般的であったエンジンによるベルト駆動では、回転数によって吐出量が決まってしまうが、電動ポンプではエンジンの状態によって自在に制御できるので、無駄を減らせる。取り付け場所の自由度が増すメリットもある。電動化されない場合でも、流路の抵抗減や樹脂インペラの採用などで効率化を図る例もある。また、補機類の最適配置やテンショナーの改良により駆動ベルトの張力低減も行なわれている。

　オイルポンプも流路抵抗を減らすことで圧力損失を減らし、駆動の負担軽減を

電動ウォーターポンプ
エンジンの状態によって自在に制御できるだけでなく、駆動にベルトを使わないので取り付け場所の自由度が増すメリットもある。これはHV車用エンジンの電動ウォーターポンプ（アイシン製）のカット写真。右にわずかに見えるインペラーに対してモーター部分が大きな割合を占めている。

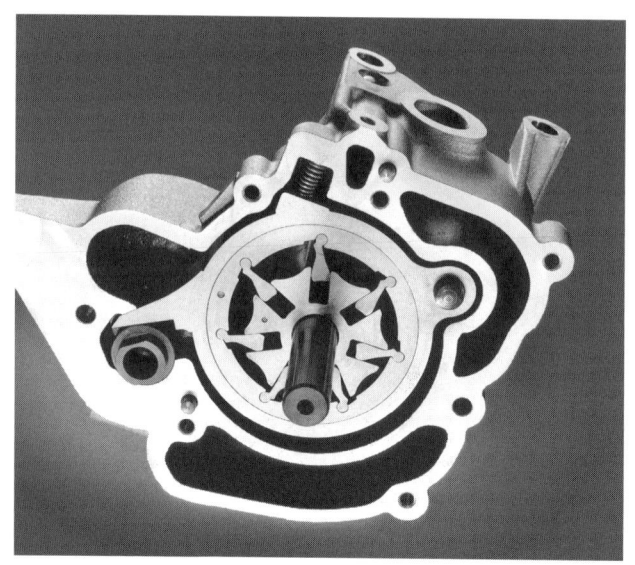

高効率オイルポンプ
ベーンを持った偏芯ローターの回転でオイルを吐出するオイルポンプ。ポンプの効率と油圧経路の抵抗減も重要で、それにより損失の低減が図れる。

図る工夫がなされる。マツダデミオの例では、油圧フィードバックと電子制御油圧切り替え機構を持ったオイルポンプを採用することで、必要な油圧をコントロールし、潤滑系の機械抵抗を57%低減したという。

冷却ファンの電動化はすでに古くから行なわれている。これも制御が自在にできるので暖気や渋滞、アイドリング時に有利である。

■材質変更による軽量化

材質変更は鋳鉄からアルミニウム合金、さらにマグネシウム合金、チタン合金などへの変更が各所で進んできている。また、アルミ合金からさらに軽量な樹脂への変更も進んでいる。樹脂化の狙いは、軽量化、耐食性向上、振動・騒音の低減、組み立て性向上、コスト低減、リサイクル性(熱可塑性を有する樹脂の場合)など、そのメリットは多く、今後ますます進展するはずだ。

エアインテークパイプやエアクリーナーケースは、現在は樹脂が普通になっている。レゾネーターが別体だったものを一体にすることでの軽量化やコスト低減も果たせている。たとえばインテークマニホールドの樹脂化では、アルミダイキ

第8章 損失の低減

高荷重対応樹脂プーリー
プーリーも樹脂で対応すべく耐荷重性の高い製品が開発されている。

ベルトの張力の低減
スバルのFA20DIT直噴ターボエンジンは補機駆動ベルトのレイアウトを変えるとともに、オルタネータープーリーにワンウェイクラッチと回転変動減衰機能付きプーリーを採用し、ベルトの張りを弱めて損失の低減を図っている。

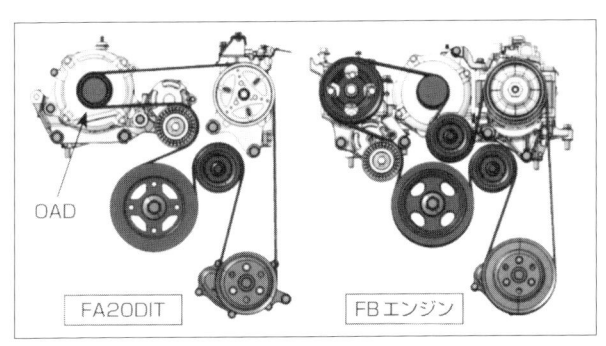

OAD
FA20DIT　　FBエンジン

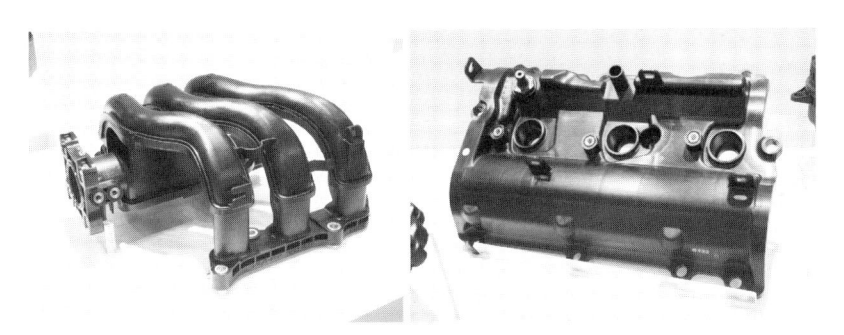

樹脂製インテークマニホールド、ヘッドカバー
インテークマニホールドは軽量な樹脂化が進んでいる（左）。ヘッドカバーもアルミ合金から樹脂化の方向にある（右）。

135

チェーンガイドとレバー
タイミングチェーンにはチェーンガイドやチェーンレバーが付いているが、それらにローラーを組み込むなどの工夫で損失の低減が図られている。

ャストに比べ30～50％の軽量化、20～30％のコスト低減、内面の平滑化、断熱効果による吸入効率3～5％向上、さらに振動減衰効果による低騒音化といった大きな効果がある。

　そのほか、チェーンガイドやチェーンテンショナーはもちろん、シリンダーヘッドカバーやオイルパンも今後の樹脂化の対象になっている。

第9章

アイドリングストップ

アイドリングストップ

　燃費の改善を求められるガソリンエンジン車としては、今後アイドリングストップ機構は当たり前の装備になるはずである。そもそもは1980年代にフォルクスワーゲンが採用し、2000年代にはBMWも積極的に採用したアイドリングストップだが、信号機の多い市街地や幹線道路を走ることが多い日本こそ、その有用性は明らかである。ヨーロッパではゴーストップが比較的少ないが、それでも最近はアイドリングストップ機能を装備した輸入車が増えているのは、燃費向上の要請がそれだけ強いことを表わしている。そのアイドリングストップ機構の進化も興味深いものがある。

　エンジン始動は、通常、スターターモーターを回すとその軸上にあるピニオンギヤが移動して、フライホイール外側に設けたリングギヤに押し込まれる形でかみ合い、エンジンに回転力を与える。エンジンが掛かってスターターモーターのスイッチをオフにするとピニオンギヤは元の位置に戻る。このピニオンの動きは

ソレノイドコイルの磁力で行なわれるが、始動のたびにスターター側のピニオンギヤが軸上を移動してリングギヤに押し込まれるという回転以外の機械的な動作を伴う。

　普通のアイドリングストップはこの通常のスターターシステムをそのまま使う。そして車両が停止したときにブレーキペダルを踏んでいて、かつ水温やバッテリー残量などエンジンをストップしても良い条件であるとコンピューターが判断すると、エンジンはストップする。再始動はブレーキペダルを離すことで自動的に行なわれる。ステアリングを切ることで再始動する車両もある。右折待ちなどでアイドリングストップした場合に、直進車両が途切れたときに素早く再始動するためだ。エンジンがストップ中は、電力を消費するエアコンは送風のみにするなどの工夫もされている。

　アイドリングストップの採用で見逃せないのが、バッテリーへの負担である。通常アイドリングストップ採用車では容量の大きなバッテリーを搭載するが、単に大型にするだけでなく、充放電特性や頻繁な入出力で生ずる劣化への耐久性などを考慮したバッテリーが必要で、専用バッテリーも開発されている。

　ここでは、通常のエンジン始動と基本的に同じシステムを使うオーソドックスなアイドリングストップシステムはが多いが、いろいろなアイデアの新しいシステムも見られるので、それらを紹介する。

■新発想から生まれたマツダi-stop

　2010年に発表されたマツダのアイドリングストップ機構「i-stop」は新発想によるユニークなアイドリングストップ機構である。どこがユニークかというと、スターターモーターを使わずにエンジンを再始動しようという発想から生まれたことである。結果的にはアシストする形でスターターモーターをわずかに使うが、停止しているエンジンの燃焼行程にあるシリンダーに燃料を吹いて点火、燃焼させて回転力を発生させる方式である。

★再始動のプロセス

　i-stopの再始動は次のようなプロセスで行なわれる。

第9章　アイドリングストップ

マツダのアイドリングストップ「i-stop」を装備したエンジン
マツダは「MZR 2.0 DISI」エンジンで、直噴の特性を使った独特の方式のアイドリングストップを完成させた。

1) 再始動指示（AT車ではブレーキオフ、MT車ではクラッチ踏み込み）により、膨張行程で停止している気筒に燃料を噴射するとともに、スターター駆動を開始。
2) 燃料が空気と混合するわずかな時間を待って点火。
3) 次に燃焼する気筒が圧縮上死点を越えた後、混合気に点火。
4) 以降の燃焼気筒を連続して燃焼させて回転数を立ち上げる。

　i-stopではスターターモーターはあくまでもアシストであり、筒内の燃焼圧力をいかに有効に使って自力での始動性を高めるかがポイントになっている。そのためには最初の2回の燃焼力が充分に得られるように新気量を確保することが重要で、その手段として、①筒内掃気制御、②ピストン停止位置制御の2つを行なっているのが最大の特徴である。

★ポイントとなる2つの制御
①筒内掃気制御
　再始動を確実容易に行なうためには、エンジンをストップさせる際に筒内の既燃ガスを減らし、新気濃度を高める必要がある。そのため、燃料カット後に通常閉じているスロットルを開ける制御を行なっている。ただし、ここでスロットルを開けたままにしていると圧縮反力による回転数変動でエンジンが不快な振動を

139

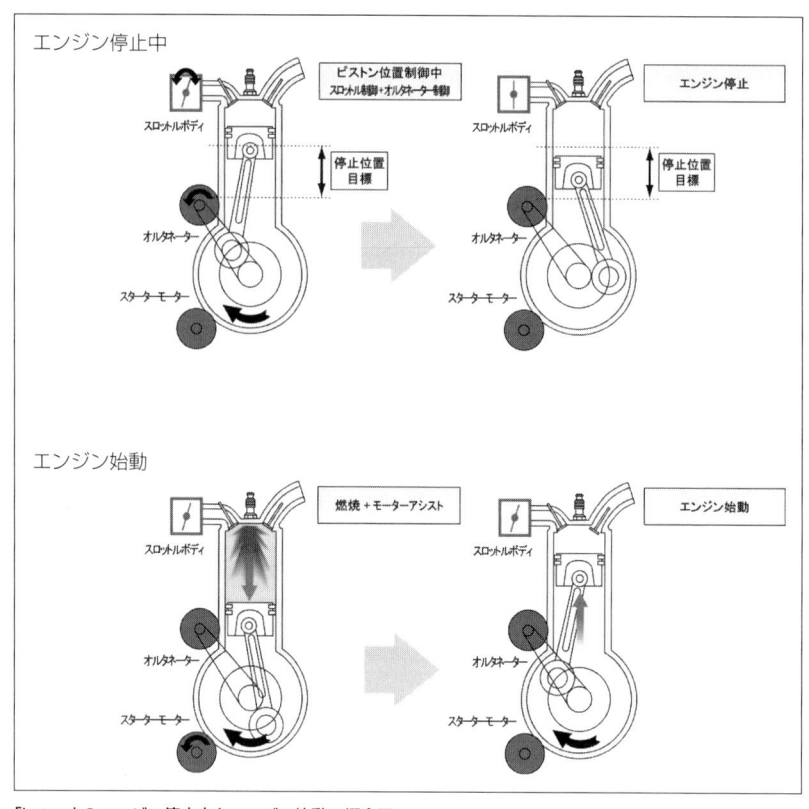

「i-stop」のエンジン停止中とエンジン始動の概念図

することになる。そこで、燃料カット直後にいったんスロットルを開けて筒内の掃気をし、回転数が低下したらスロットルを閉じる制御をしている。これによりエンジン停止直前の揺り返しを抑え始動性と快適性の両立を図っている。
②エンジン停止位置制御
　エンジン停止中の筒内は基本的に大気圧になっていると考えられる。そのため再始動後2回の燃焼を行なう燃焼行程および圧縮行程にある気筒の空気量は、ピストンの位置によって決まる筒内の容積に依存する。したがってピストンが適正な位置に停止するように制御することが、確実にして迅速な再始動を実現するために必要になる。そしてテストの結果、上死点後40°〜100°の範囲では再始動が

安定して短くなっていることが分かり、その範囲に止める制御を行なっている。

　上死点通過回転数とピストンの停止位置とに相関関係があるので、燃料カット後の回転数を適正に制御すれば、再始動しやすい範囲の位置にピストンを止めることができる。これを実際に行なうのはオルタネーターの発電負荷の調整である。つまりオルタネーターをブレーキとして使う。ブレーキ力の強さを発電量の大きさで調整するわけである。

★開発ストーリー

　スターターモーターを使わずにエンジンを始動させるという発想は、直接噴射（直噴）の特質から考えられた。すなわち、直噴ならば燃焼行程にあるシリンダーに燃料を吹いて点火すればエンジンは回りだすのではないかと考えた。しかし、止まっているエンジンでは圧縮が抜けているので、ある程度の回転力は得られても、1回転して他のシリンダーに燃焼行程をバトンタッチするまでの回転力は得られなかった。何とか上死点を超えるだけの回転力を得られないか、ということで、開発途上ではまさに逆転の発想が生まれた。

　それは最初にひとつのシリンダーに燃料を吹いて燃焼させるが、回転方向を逆にする。するとその動きにより圧縮圧の上がるシリンダーができるはずである。今まで圧縮圧がなかったから燃焼圧力が小さく上死点を超えられなかったが、多少でも圧縮圧が上がれば上死点を超えて他のシリンダーが通常の圧縮・燃焼の行程に入り、回転がつながるはずである。確かにこれでスターターモーターを使わずに自力でエンジンスタートが可能になった。

　しかし、アイドリングストップは再始動が確実に行なわれなければ危険でもある。確実な自力再始動の条件を満たすためには、エンジンがストップしたとき、各ピストンの高さが正確にそろっている必要があった。そして、それを達成するためには単に燃料をカットして自然に止まるのを待つのではなく、いったん回転を上げた状態からブレーキ制御で正確なピストン高さでの停止をする必要があった。しかし、停止前にいったん回転を上げるため燃料を吹くことは、燃費改善の目的から逆方向のことで、せっかくの燃費改善の幅が小さくなってしまう。そうしたことから結局逆転はさせずに、多少のピストン高さのバラつきが許されるス

ターターモーターでアシストする方式となったのだった。

技術的なチャレンジからすれば残念ではあるが、それでもスターターモーターへの依存度は非常に低く抑えながら、再始動の確実性を確かなものに仕上げた。再始動の時間も直ちに燃焼を始めることから0.35秒とトップレベルの短い時間を達成している。

■マーチのアイドリングストップ

2010年7月発売のマーチはごく普通に見えるアイドリングストップ機構を持って登場した。しかし、再始動に要する時間0.4秒を安定して達成するため、それなりに工夫がなされている。

ひとつはエンジン内のピストンの停止位置を制御していること。この点はマツダのi-stopと同様である。ただ、マーチのHR12DE型3気筒エンジンは直噴ではないのでi-stopの0.35秒には及ばないが、最初に燃焼行程に入るピストンの停止位置を制御しておくことは有効だ。

また、エンジンの再始動時間短縮のため、スターターの大型化、高性能なバッテリーを搭載、また、CVTの油圧を瞬時に伝導させタイムロスを縮小した電動オイルポンプの採用などを行なっている。

■オルタネーターを使ったセレナの機構

2010年11月に発表された新型セレナは、マーチの機構と違ってオルタネーターを利用して再始動するという新しいアイドリングストップ機構を持って登場した。オルタネーターは交流発電機であり、これはモーターにもなるので、これで再始動しようというものだ。日産ではこのアイドリングストップ機構を「ECOモーター式」と呼んでいる。

搭載したエンジンはMR20DD型でいわゆる直噴である。オルタネーターを使うので、エンジンとはベルトでいつもつながっている。通常は発電機として働いているオルタネーターは、再始動する場合はモーターとして働くが、回転はベルトを介して伝えられるのでピニオンを押し込むといった機械的な動きはない。し

第9章　アイドリングストップ

日産セレナのオルタネーターを活用したアイドリングストップ
中央に見えるオルタネーターをモーターとしても使い、ベルト駆動でエンジンを再始動する。このオルタネーター／モーターを日産では「ECOモーター」と呼んでいる。

たがってスムーズにエンジンに回転力が与えられ、静かで素早い再始動ができる。ちなみに再始動時間は0.3秒と非常に早い。これにはクランク角センサーを2個装備し、最初に圧縮から燃焼行程に入る気筒を検出し、そこに燃料を吹くことで実現している。これは直噴エンジンとの組み合わせによる相乗効果によるものといえる。

　エンジンの始動という仕事をするため、この専用オルタネーターは当然通常より大きなトルクを発生するのでやや大型化され、駆動ベルトも従来品より3.7mm幅広のものが使われている。60万回の耐久性を持っているという。

　なお、セレナはこのECOモーター式を装備しているが、通常のスターターモーターも備えている。それは、オイル粘度の高くなっている零下25度といった悪条件での始動をも保障する必要があるからだ。ECOモーターを使うのはあくまでもアイドリングストップからの再始動であり、冷えているエンジンを最初に始動するときは、通常のスターターモーターを使う。アイドリングストップからの再始動時はエンジンも温まった状態であり、その意味では条件が厳しくない。

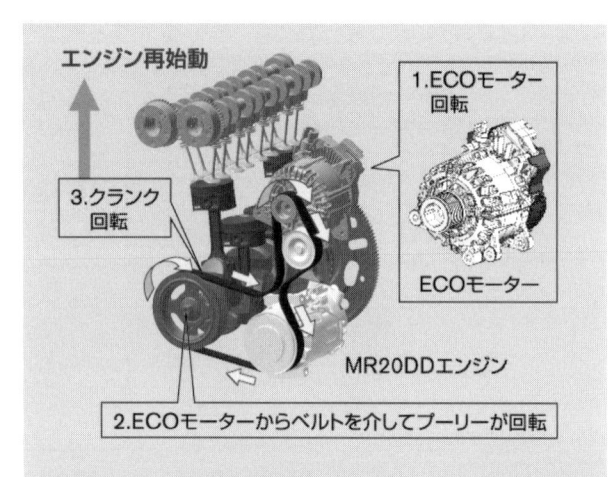

ECOモーター式アイドリングストップの機構図
オルタネーターでもあるECOモーターを回し、クランクプーリーに回転を与えてエンジンを再始動する。2012年8月には1.0 kWのECOモーターを1.8 kWに強化し、エンジンをアシストする機能を付けた「S—HYBRID」へと発展させた。

オルタネーターをモーターとしても使う「ECOモーター」
エンジンを始動するためベルトは通常の補機駆動ベルトより幅広にしている。なお、極寒での始動をも保証するため、通常のスターターモーターも装備している。

オルタネーター／モーターで充分に再始動が可能なわけである。

　なお、ベルトで駆動するという意味では、これに似た機構は以前にもあった。トヨタマイルドハイブリッドと呼ばれた機構「THS-M」で、クラウンに搭載されたものだ。しかし、その名のとおりアイドリングストップ機構というよりアイドリングストップ機能の付いた簡易ハイブリッド機構というべきものだった。セレ

第9章　アイドリングストップ

ナの機構と違うのは、エンジン側に電磁クラッチが付いていて、オルタネーター／モーターとエンジンは断続できるようになっていること。またオルタネーター／モーターもさらに大型のもので、車両をモーターで発進させながらエンジンの再始動を行なうものだった。

ところが、2012年8月にセレナのこの「ECOモーター式」アイドリングストップは、オルタネーター／モーターの出力を1.0 kWから1.8 kWと1.8倍に出力を高め、エンジンのアシストをもする「S-HYBRID」（スマートシンプルハイブリッド）に発展させた。さらに「THS-M」に近づいたわけである。

■ワンウェイクラッチを使ったヴィッツの機構

セレナ発表の直後2010年12月に発表になった新型ヴィッツも「スマートストップ」と呼ぶ新しいアイドリングストップ機構を備えていた。さらに、2012年7月に発売された新型ポルテと新型車スペードの1.3 L車のアイドリングストップにも採用された。これはスターターモーターのピニオンとリングギヤは常にかみ合っているが、リングギヤの内側にワンウェイクラッチを設けることで、エンジン側とスターターモーター側を断続するようにした機構である。したがってこれもピニオンギヤの押し込みのない常時かみ合いの機構である。

通常のスターターモーターも実はエンジンからの回転でモーターが過回転しないようにピニオンの脇にワンウェイクラッチを持っているが、ローラーを使った

常時かみ合い式のスターターによるトヨタの「スマートストップ」
通常はスターターモーターのピニオンギヤがエンジン側のリングギヤに飛び込んでかみ合うが、スマートストップではリングギヤの内側にワンウェイクラッチを設け、ピニオンギヤは常時かみ合っている。エンジンが完全に止まっていない状態からも再始動が可能。

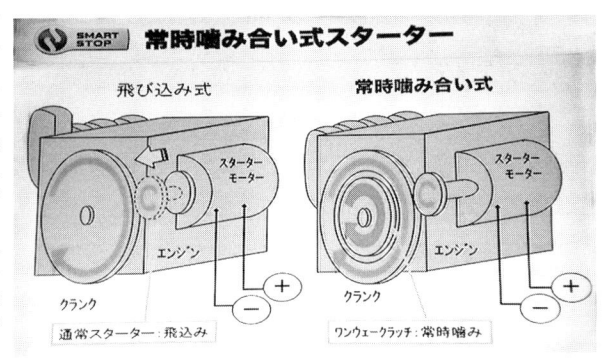

小さなもので、オンオフを頻繁に使うことを想定したものではない。したがってエンジンが掛かると速やかにピニオンギヤは移動してエンジンから切り離されるのが普通のスターターモーターの基本である。

エンジンの回転が完全に止まらないうちにスターターモーターを回すと「ガガガ」と異音を発してうまくかみ合わない。そのためアイドリングストップ時も、車両が完全に停止してから燃料をカットしてもエンジンが止まるのに約1秒掛かる。それから再始動が可能になるというのが普通である。しかし、このワンウェイクラッチを使ったヴィッツの機構では、車両が停止すればエンジンがまだ完全に止まらなくても再始動が可能だ。たとえば、赤信号で止まった瞬間すぐに青になり再スタートするような場合、エンジンは完全に停止していなくても再始動が可能になる。このことはきめ細かいアイドリングストップを可能にするものだ。しかも常時かみ合いでスムーズに再始動を行なえる。

■デンソーのタンデムソレノイドスターター

「デンソー」は、新しいアイドリングストップ用のスターターモーター「TSスターター」を開発した。これはモーターへの通電とピニオンギヤの押し出しを独立して制御する世界初の構造を採用したスターターモーターである。

エンジンはストップの制御がなされても、惰性で回って完全に回転が停止するには約1秒は掛かる。普通のスターターモーターでは、エンジン回転が完全に止まる前に再始動しようとすると、異音を発してピニオンギヤがリングギヤとうまくかみ合わない。これはピニオンギヤの回転とリングギヤの回転速度差が大きいからであり、無理にやればギヤをいためてしまう。事実上エンジンの回転が完全に停止するまでの間はエンジンの再始動は不可能であった。

ところが、デンソーの「TSモーター」はそれを可能とした。これは車両が完全に停止する前にアイドリングストップに持ち込むことを可能にしたことを意味している。赤信号に応じて停車する場合、完全停止する前でも早めにアイドリングストップに持ち込めれば、それだけエンジンがストップしている時間が延びるので燃費も向上する。しかし普通のスターター機構ではそれができなかったのは、

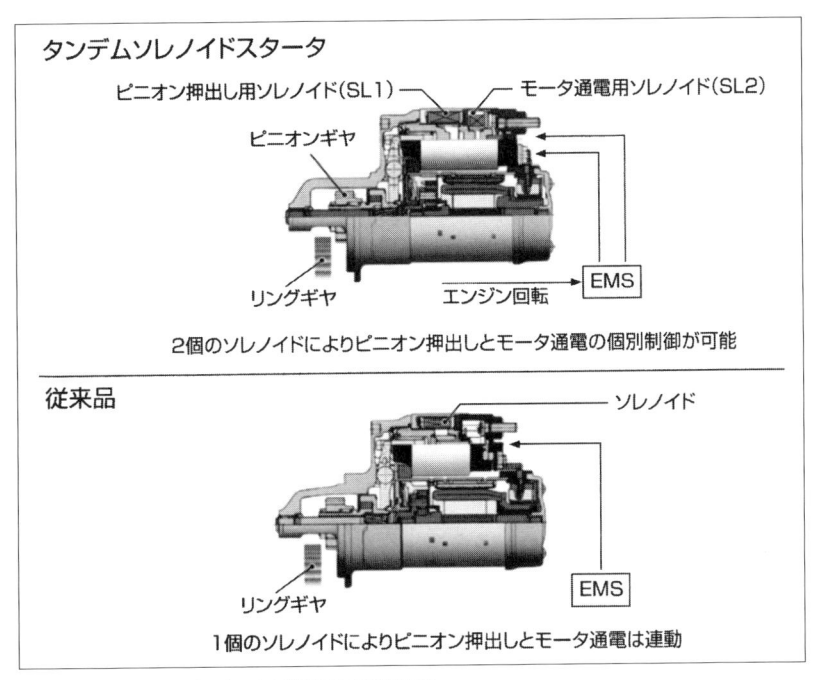

第9章　アイドリングストップ

タンデムソレノイドスタータ
- ピニオン押出し用ソレノイド(SL1)
- モータ通電用ソレノイド(SL2)
- ピニオンギヤ
- リングギヤ
- エンジン回転
- EMS

2個のソレノイドによりピニオン押出しとモータ通電の個別制御が可能

従来品
- ソレノイド
- リングギヤ
- EMS

1個のソレノイドによりピニオン押出しとモータ通電は連動

「タンデムソレノイドスターター」と従来品との構造比較
デンソーが開発したこの機構は、モーターの回転のための通電用ソレノイドとピニオンギヤの押し出しのためのソレノイドを別々にもつ。

　その間に信号が青に変わってエンジンを再始動しようとしても、それができなかったからである。
　TSモーターがエンジン回転完全停止前でも始動を可能にしたのは、エンジン側のリングギヤの回転に合わせて、ピニオンギヤの回転を調節してからかみ合わせるからである。
　普通のスターターではソレノイドはひとつで、スイッチオンでスターターモーターが回転を始めると同時にピニオンが押し込まれる。しかしTSモーターの「TS」はタンデムソレノイドの略で、ソレノイドを2つ持っている。ひとつがモーターを回し、もうひとつがピニオンの押し出しを行なうが、それぞれ独立して制御される。再始動の指令が出るとリングギヤの回転速度を測り、それに応じたタイミングでピニオンギヤが押し込まれる。たとえばエンジン回転数がまだ高い

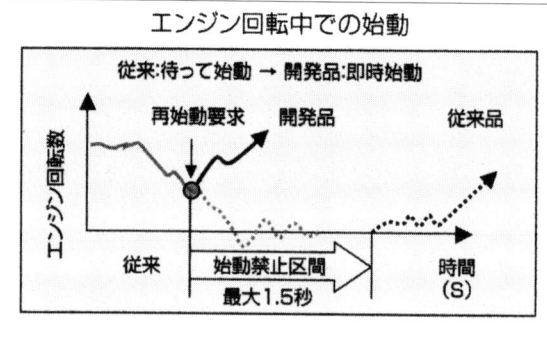

タンデムソレノイドスターターと従来品の再始動条件比較
リングギヤの回転状態により、押し出しのタイミングを調整できるため、エンジンが完全停止していなくても再始動を可能とした。ミラe:S、アルトエコを皮切りに採用が拡大している。

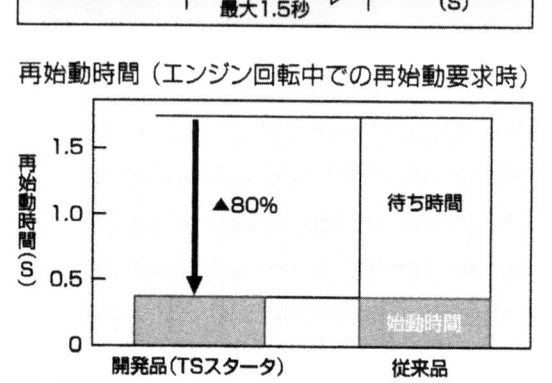

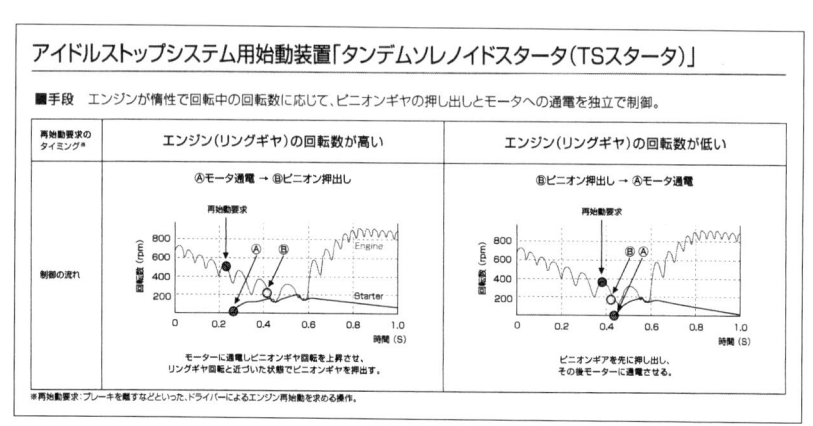

タンデムソレノイドスターターの制御の流れ解説図
再始動要求が出たときのエンジン回転が高い場合と低い場合で、モーター通電とピニオン押し出しのタイミングをそれぞれ制御できる。

第9章　アイドリングストップ

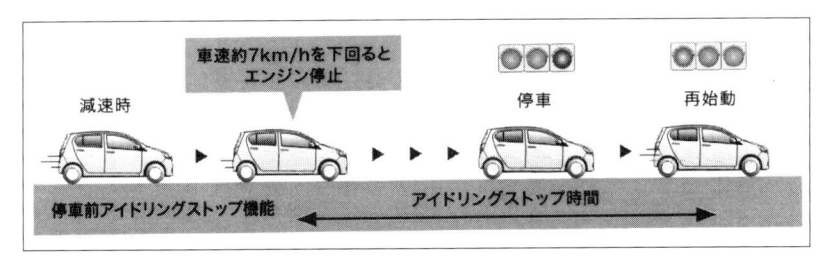

ダイハツミラe:Sにおけるアイドリングストップ機能
車両が停止する前、車速7km/hを下回るとエンジンが停止、もし再加速する必要が出てきてもエンジンはいつでも再始動可能。

ときには、まずモーターに通電してピニオンギヤの回転を上げ、リングギヤの回転に近づけた状態でピニオンギヤを押し出す。また、エンジン回転が低いときには先にピニオンギヤを押し出し、続いてモーターに通電するように制御する。

　このTSモーターを最初に使ったのはダイハツミラe:Sで、続いてスズキアルトエコも採用。両車とも車両の停止前、7km/hを下回ったところでアイドリングストップに入り、もし停車せずに再加速するとしても、スムーズにスターターモーターがエンジンを再始動する。

　このTSモーターはスバルインプレッサも採用した。スバルの場合は車両が停止してから燃料をカットする方式である。通常は燃料カットの瞬間にエンジンが停止するわけでなく、惰性で回っている時間がある。そのため車両が停止した瞬間に再始動すべくブレーキから足を離した場合、エンジンが完全停止するのを待ってからの再始動になるので、再始動に最低でも0.8秒かかってしまう。TSモーターはエンジンの回転が残っていても再始動が可能であり、いつでも0.35秒での再始動を達成している。

　2012年7月に発売した新型「ポルテ」と新型車「スペード」の1.5Lエンジン搭載車のアイドリングストップは、やはりTSスターターを採用している。これもスバル同様、停車してからの燃料カットで、停車した瞬間の再始動を可能としている。TSモーターはコストのわりに効果は高く、今後さらに採用が増えると思われる。

参考文献

村中重夫『新訂自動車用ガソリンエンジン』養賢堂、2011年
小口泰平監修『ボッシュ自動車ハンドブック』シュタールジャパン、2011年
長山勲『自動車エンジン基本ハンドブック』山海堂、2007年
山縣裕『エンジン用材料の科学と技術』三樹書房、2011年
瀬名智和『エンジン性能の未来的考察』グランプリ出版、2007年
瀬名智和『クルマの新技術用語　エンジン・動力編』グランプリ出版、1998年
熊野学『パワーユニットの現在・未来』グランプリ出版、2006年
GP企画センター編『クルマはどう変っていくか』グランプリ出版、2005年
GP企画センター編『最新エンジン・ハイブリッド・燃料電池の動向』グランプリ出版、2003年
細川武志『クルマのメカ＆仕組み図鑑』グランプリ出版、2003年
「マツダ技報No.27」マツダ、2009年
「スバル技報No.39」富士重工業、2012年
「学術講演会前刷集No.64-11」自動車技術会、2011年
「モーターファンイラストレーテッドVol.5特集エンジン・基礎知識と最新技術」三栄書房、2007年
「モーターファンイラストレーテッドVol.51特集エンジンPart4・21世紀のエンジン哲学」三栄書房、2011年
「自動車工学／技術最前線・日産のVVELとは」鉄道日本社、2007年12月号
「自動車工学／新型車の注目点"スペシャル"」鉄道日本社、2012年4月号
「カー＆メインテナンス／低燃費を目指したECOテクノロジー1」、整研出版社2010年11月号
「カー＆メインテナンス／低燃費を目指したECOテクノロジー2」、整研出版社2010年12月号

〈著者紹介〉
飯塚昭三（いいづか・しょうぞう）
東京電機大学機械工学科卒業後、出版社の㈱山海堂入社。モータースポーツ専門誌「オートテクニック」創刊メンバー。取材を通じてモータースポーツに関わる一方、自らもレースに多数参戦、編集者ドライバーのさきがけとなる。編集長歴任の後、ジムカーナを主テーマとした「スピードマインド」誌を創刊。その後マインド出版に移籍。増刊号「地球にやさしいクルマたち」等を企画出版。現在はフリーランスの「テクニカルライター・編集者」として、主に技術的観点からの記事を執筆。著書に『サーキット走行入門』『ジムカーナ入門』『燃料電池車・電気自動車の可能性』（グランプリ出版）等がある。JAF国内A級ライセンス所持。モータースポーツ記者会特別会員。日本自動車研究者ジャーナリスト会議会員。

ガソリンエンジンの高効率化―低燃費・クリーン技術の考察―
2012年11月1日初版発行

著　者　飯塚昭三
発行者　小林謙一
発行所　株式会社グランプリ出版
　　　　〒101-0051　東京都千代田区神田神保町1-32
　　　　電話03-3295-0005代　FAX03-3291-4418
　　　　振替　00160―2―14691

印刷・製本　シナノ パブリッシング プレス

©2012 Printed in Japan　　　　ISBN978-4-87687-325-8　C-2053